KB091789

과학이 우리를 구원한다면

우리 시대의 구루, 마틴 리스의 과학 에세이

과학이 우리를 구원한다면

우리 시대의 구루, 마틴 리스의 과학 에세이

초판 1쇄 발행 2023년 7월 15일
초판 2쇄 발행 2024년 9월 20일

지은이　마틴 리스
옮긴이　김아림
펴낸이　이영선
책임편집　김선정

편집　이일규 김선정 김문정 김종훈 이민재 이현정
디자인　김회량 위수연
독자본부　김일신 손미경 정혜영 김연수 김민수 박정래 김인환

펴낸곳 서해문집 | 출판등록 1989년 3월 16일(제406-2005-000047호)
주소 경기도 파주시 광인사길 217(파주출판도시)
전화 (031)955-7470 | 팩스 (031)955-7469
홈페이지 www.booksea.co.kr | 이메일 shmj21@hanmail.net

ISBN 979-11-92988-15-3 03400

과학이 우리를 구원한다면

우리 시대의 구루, 마틴 리스의 과학 에세이

마틴 리스 지음

김아림 옮김

서해문집

"이 책을 읽는 것은 과학계에서 가장 위대한 인물 중 한 사람이 초대한 난롯가의 수다에 참여하는 것과 같다. 과학과 사회의 안녕 사이에 존재하는 복잡한 접점을 농축해서 알려주기 때문이다. 더 좋은 것은 우리가 난롯불을 피우지 않아도 된다는 것이다!"

_**마샤 K. 맥넛**Marcia K. McNutt, 미국 국립 과학아카데미 회장

"과학에 대한 강력한 휴머니즘적인 관점을 보여주는 책! 저자인 마틴 리스는 과학이 어떻게 작동하는지, 그리고 과학이 어떻게 하면 더 나아질 수 있는지 알려주기 위해 자신의 폭넓고 기나긴 경험을 십분 활용한다."

_**데이비드 윌레츠**David Willetts, 영국의 싱크탱크인 레졸루션재단 회장, 영국 우주국 의장

"때때로 우리는 전 세계적인 도전과제에서 또 다른 도전과제로 비틀거리며 나아가는 것처럼 느껴진다. 동시에 우리는 기술 발전 속도가 지나치게 빠르지 않은지에 대해서도 당연히 염려한다. 그렇지만 우리는 과학에 등을 돌릴 여유가 없다. 왜냐하면 주변 세

계에 대한 과학적 이해가 없다면 우리는 파멸하기 때문이다. 저자는 과학에 대한 우리의 신뢰를 설득력 있게, 그리고 드물게도 정직하게 보여준다."

_ **짐 알칼릴리**Jim Al-Khalili, 서리대학교 교수, BBC 방송 진행자

"이 시의적절하고 흥미로운 책은 과학의 놀라운 발전이 오늘날 절박한 세계적 과제를 해결하는 방향으로 향하도록 전 세계의 과학자, 정책 입안자, 시민들이 힘을 합쳐야 한다는 명확한 요청이다. 우리가 미래에 최고로 멋진 시대를 살아갈 것인지, 최악의 시대를 살아갈 것인지는 우리 모두에게 달려 있다."

_ **셜리 M. 틸먼**Shirley M. Tilghman, 프린스턴대학교 명예총장

"인류의 미래는 과학, 그리고 그 과학을 문화와 사회에 완전히 통합하는 일에 달려 있다. 풍부한 학식이 드러나면서도 쉽게 읽히는 이 책을 통해 저자는 과학을 지원하고 그것을 민주주의와 정치적 의사결정의 필수적인 일부로 만드는 작업의 필요성에 대해 설득력 있게 얘기한다."

_ **폴 너스**Paul Nurse, 노벨상 수상자, 프랜시스크릭연구소 소장·최고책임자

"마틴 리스가 '인류세'라는 이 시대에 우리가 생존하고 번영하기 위해서는 무엇이 필요한지를 설명하는 책을 저술했다는 데 대해 함께 기뻐하자."

_ **찰스 F. 케넬**Charles F. Kennel, 스크립스해양학연구소 교수, 미국 항공우주국(NASA) 자문위원회 전 의장

"전 세계에서 가장 뛰어난 통찰력을 가진 과학자 중 한 사람이 쓴 이 명쾌하고 설득력 있는 책은 우리가 과학을 무시하면 왜 위험한지를 보여준다. 과학자뿐만 아니라 인류가 직면한 중대하고 실존적인 도전과제에 관심 있는 사람이라면 누구든 쉽게 접근할 수 있는, 반드시 읽어야 할 책이다."

_ **이언 골딘**Ian Goldin, 옥스퍼드대학교 마틴스쿨 관장

"마틴 리스는 자신이 거둔 과학계의 가장 높은 성취를 인류의 위협과 전망에 대한 거의 우주적인 관점과 합치고 복잡한 생각을 생생하게 전달하는 능력을 갖췄다는 점에서 특별하다. 이 책은 과학의 최전선에 대한 논평을 정치적·윤리적 딜레마에 대한 숙고와 융합하여, 독자들에게 반짝이는 지성과 함께 배우는 즐거움을 준다. 또한 자신의 개성과 지나온 역사가 풍부하게 담긴 여정을 통해 인류가 과학을 얼마나 필요로 하는지를 보여준다."

_ **제프 멀건**Geoff Mulgan, 유니버시티칼리지런던 교수, 국립 과학·기술·예술기금 전 이사장

"과학과 과학계의 구조는 기후 변화에서 인공지능의 지배에 이르는 21세기 사회가 직면한 과제를 해결한다는 목적에 적합할까? 이 훌륭한 책에서 확실히 드러났듯이, 마틴 리스보다 이 중요한 질문에 더 잘 대답할 수 있는 사람은 없다."

_ **팀 파머**Tim Palmer, 옥스퍼드대학교 교수, 왕립학회 연구교수

감사의 말

누구보다 먼저 담당 편집자인 조너선 스커릿에게 감사를 전한다. 그는 이 책의 주제와 관련해 사람들이 쉽게 읽을 만한 책을 만드는 작업이 필요하다고 나와 동료들을 설득했으며, 많은 시간과 노력을 들여 책을 만들고 스타일과 내용에 도움이 되는 제안을 했다. 그리고 신중하게 교정 교열 작업을 해준 이언 터틀을 비롯해 책이 출판되는 순간까지 순조롭게 진행되도록 도와준 닐 드코트, 에마 롱스태프에게도 진심으로 고맙다.

이 책의 내용이 내 전문 분야를 뛰어넘어 광범위한 주제에 걸쳐 있다는 사실은, 내가 수많은 동료와 협력하거나 교류하면서 배우고 조언을 받았음을 알게 해준다. 모든 이를 하나하나 언급할 수는 없지만 그래도 몇 가지 주제에 대한 취재에 도움을 준 파르타 다스굽타, 마리오 리비오, 그리고 스티븐 핑커에게 특별히 감사하다. 또한 '과학의 지평선'을 주제로 한 2010년 리스 강의의 내용을 업데이트해서 책의 2장에 수록할 수 있게 해준 BBC에도 감사를 전한다.

머

리

말

코로나–19에 대한 대응책으로 우리는 '과학을 따르라'라는 말을 자주 듣곤 했다. 게다가 '전문가'들은 그 어느 때보다도 대중적으로 유명해졌다. 이 전염병은 2년이 넘게 지났지만 이 글을 쓰고 있는 지금도 여전히 사람들을 압도하는 도전과제다. 게다가 유일한 과제도 아니다. 정치인들은 에너지·보건·환경 분야에서 일련의 정책적인 과제에 직면해 있다. 실제로 앞으로 수십 년 동안 각국의 정부가 내리는 선택이 지구의 미래를 결정지을 수 있다. 정치인들은 전문가의 조언을 이해하고 인지해야 하지만, 어떤 결정을 내릴 때 전문적인 조언은 특정 조치의 실현 가능성과 대중의 수용 가능성, 경제적·인적 비용 같은 여러 요소와 팽팽하게 맞서곤 한다.

이러한 선택들, 다시 말해 '과학을 어떻게 적용할 것인가'에 대한 결정을 하려면 정보에 기초한 공청회가 선행되어야 한다. 하지만 이런 토론이 타블로이드판 신문의 슬로

건 수준을 넘어서려면, 현대 과학기술의 기반이 되는 핵심 개념에 대한 '감각'과 자연 세계(인간을 포함한)에 대한 이해가 모두 필요하다. 과학은 과학자들만을 위한 것이 아니다. 우리의 지식이 사실은 얼마나 불완전하고 잠정적인지를 깨닫는 일이 마찬가지로 중요하다. 과학의 핵심 개념들은 일상적인 기술의 기초일 뿐만 아니라 우리 공공 문화의 일부가 될 만한 고유한 흥밋거리를 지니고 있다. 하지만 과학의 위대한 개념들, 또는 적어도 그것들의 맛은 평범한 단어와 단순한 이미지를 활용해서도 전달할 수 있다. 최소한 나는 그렇게 믿는다.

이 책에서 나는 과학의 실제 발견 내용에 대해 자세히 설명하지는 않을 것이다. 또 인류의 가장 대단한 집단적 성취라고 상찬하지도 않을 것이다(물론 그것이 사실이지만 말이다). 대신 나는 과학이 우리 삶에 미치는 영향, 그리고 미래에 대한 희망이나 두려움에 초점을 맞추려 한다. 과학을 다른 지적 활동과 구별되게 하는 요소가 무엇인지, 과학 활동 전체가 국가적으로나 세계적으로 어떻게 조직되는지를 다룰 것이다. 나아가 과학자들과 그들의 혁신을 사회에 융합하고, 시민들의 선호와 윤리적 판단에 따라 적용하는 방법에 대해 이야기하려 한다.

오늘날 지구에 닥친 위험은 그 어느 때보다도 크다.

지구는 지난 45억 년 동안 존재해왔지만, 지금은 인류라는 하나의 지배적인 종이 (좋든 나쁘든) 전체 생물권의 미래를 결정할 수 있는 최초의 세기다. 역사의 대부분에 걸쳐 우리가 자연 세계로부터 얻는 이익은 무궁무진한 자원으로 보였지만, 동시에 인류가 직면한 최악의 두려움인 홍수나 지진, 질병도 자연에서 비롯했다. 하지만 이제 우리는 몇몇 사람들이 '인류세'라고 부르는 시대에 깊숙이 들어왔다. 전 세계 인구가 80억 명에 육박하면서 지속 가능한 에너지와 자원을 얻을 신기술이 필요하다는 집단적인 수요가 생겼으며, 돌이킬 수 없이 변화된 기후 역시 우리를 위협한다. 핵전쟁 또한 여전히 우리를 엄습하고 있다. 그리고 사회를 변화시킬 또 다른 새로운 기술, 특히 생명공학이나 사이버 기술은 잘못 적용된다면 우리에게 심각한 위협이 될지도 모른다.

다시 말해 최악의 위협은 더 이상 '자연에서 비롯하지' 않는다. 그보다는 인류 자신에 의해 야기되거나 문제가 악화된다. 세계의 현재 모습과 가능성 사이에는 여전히 거대한 격차가 있으며, 이 격차는 점차 넓어지고 있다. 한 국가 안에서, 그리고 국가와 국가 사이에서도 불평등은 몹시 크다.

하지만 이런 우려에도 불구하고 우리가 낙관론을 품

을 강력한 근거가 있다. 대부분 국가에서 대부분의 사람들이 살아가기에 이보다 좋은 시기는 없었다. 이전의 과학적 발견에 따라 선진국과 개발도상국을 부양시킨 보건·농업·통신의 발전 덕분이다. 이러한 낙관론이 코로나 팬데믹 때문에 꺾일 필요는 없다. 사실 전 세계를 휩쓴 이 전염병을 다루는 문제에서 과학은 우리의 구원이다. 과학 공동체가 보여준 반응은 이들이 최고의 상태에 있다는 사실을 보여주었다. 백신을 개발하고 보급하는 세계적인 대규모의 노력과 대중에게 제대로 된 정보를 주려는 정직한 노력이 결합한 모습이었다.

과학과 예술 분야의 창의성은 과거에 비해 더욱 폭넓은 외부의 영향을 받고 있으며, 전 세계적으로 이전보다 훨씬 많은 사람들이 이 분야에 접근할 수 있다. 우리는 사이버 공간에 뿌리를 내리고 있으며, 이 공간을 통해 누구든 어디서나 전 세계의 모든 정보와 문화, 지구상에 거주하는 대부분의 사람들과 연결된다. 휴대전화, 소셜미디어, 인터넷은 등장한 지 20년도 채 되지 않아 일상에 변화를 가져왔다. 이러한 자원이 없었다면 최근의 셧다운에 대처할 수 없었을 것이다. 게다가 컴퓨터는 2년마다 성능이 두 배로 좋아진다. 또 유전자 염기서열 분석에 드는 비용은 20년 전에 비하면 100만 배나 더 저렴하다. 유전학의 발달에 따라 파생되는 결과는 마이크로칩이 그랬듯 금세 널리 퍼질 것이다.

하지만 이러한 급속한 발전은 우리에게 심오한 질문들을 던진다. 누가 우리의 개인적인 유전자 코드에 접근해 '읽어 들일' 수 있는가? 수명 연장이 사회에 어떤 영향을 미칠 수 있을까? 우리가 전깃불을 계속 켜고 싶다면 원자력 발전소를 지어야 할까, 풍력 발전단지를 지어야 할까? 살충제를 더 사용해야 할까, 아니면 유전자변형(GM) 작물을 심어야 할까? 유전자 조작 기술을 사용한 '맞춤형 아기'를 법적으로 허용해야 할까? 인공지능이 우리의 사생활을 침해하는 것을 어디까지 허용해야 할까? 우리에게 중요한 문제에 대한 기계의 결정을 받아들일 준비가 되어 있는가?

이 모든 질문에 답하려면 정치인들과 더 많은 대중, 그리고 전문가들의 관여가 필요하다. 코로나-19 위기가 제기한 공공 분야 및 정부의 도전과제는 그 긴급성이나 영향, 전 세계적인 범위 측면에서 전례가 없었다. 물론 세계적인 유행병이나 대규모 사이버 공격처럼 인류에게 즉각 파괴적인 영향을 끼치는 위협들은 언제든지 발생할 수 있으며, 최악의 경우에는 그 결과가 연쇄적으로 확산될 수 있다. 그리고 이런 위협이 발생할 가능성과 잠재적인 심각성은 증가하고 있다. 이런 상황에서 코로나-19는 인류의 취약성을 상기시키는 경종이 되어야 한다.

이번 세기 들어 기후 변화의 위협이 전 세계를 덮치고 있다. 이것은 코로나-19 재앙의 슬로모션 버전처럼 잠재적으로 '글로벌 열병'이 될지도 모른다. 두 위기 모두 국가 내부와 국가 간의 불평등을 악화시킨다. 개발도상국의 메가시티에 사는 1,000만 명 이상의 사람들을 이 악당 바이러스로부터 완전히 격리하는 방법은 없으며, 이들은 최소한의 의료 서비스를 받거나 백신에 접근할 가능성도 적다. 마찬가지로 지구 온난화와 식량 생산, 물 공급 문제로 가장 큰 피해를 보는 사람들 역시 이런 개발도상국과 그중에서도 가장 가난한 사람들이다. 따라서 향후 기후 변화와 환경 악화는 유행병보다 심각한 전 세계적인 결과를 초래할 수 있으며, 그 영향은 장기적이고 사실상 되돌릴 수 없을 것이다.

하지만 서서히 진행되는 잠재적인 재앙은 대중과 정치인들을 당장 문제 해결에 참여시키기가 어렵다. 우리 인류에 닥친 곤경은 끓는 물 속 개구리의 상황과 비슷하다. 스스로를 구하기에는 너무 늦을 때까지, 따뜻한 수조에서 만족하며 지내는 것이다. 게다가 그런 문제들이 일으킬 최악의 영향이 일반적인 정치적·투자적 의사결정의 시간 범위를 넘어서는 만큼, 어디서부터 대책을 세워야 할지 우선순위를 매기지 못하고 있다. 정치인들은 각자의 지역에서 홍수나 테러 등 단기적인 위협에 대비해야 할 의무는 인지하고 있지만, 자신들이 재임하는 동안 발생할 가능성이 낮은, 게다가 특정 지역이 아닌 전 세계적인 위협에 대해서는 나서서 대처할 만한 동기가 거의 없다.

그런 만큼 인류의 장기적인 위협에 대처하기 위한 특별한 조치가 필요하다는 주장은 설득력이 있다. 하지만 유권자들이 아우성을 치지 않는 한, 정부는 미래 세대에 중요할 조치들을 우선시하지 않을 것이다. 그렇기에 과학자들은 비정부기구(NGO)에 참여해 스스로의 영향력을 강화해야 한다. 블로그나 언론 활동, 영향력 있는 개인이나 매체를 동원해 목소리를 증폭시켜 대중의 사고방식을 변화시켜야 한다. 특히 다음 세기인 22세기까지 살아갈지도 모를 젊은 이들 사이에서 활동가가 많이 나오는 현상은 고무적이다. 젊은이들이 벌이는 캠페인은 무조건 환영이다. 그들의 헌신은 희망의 근거가 된다.

하지만 이전의 과학기술에 대한 통찰력이 없다면, 우리는 전기·백신·운송·정보기술(IT) 등 우리의 삶을 선조들과 다르게 만든 일상의 모든 혜택을 거부하는 셈이다. 우리는 기계를 파괴하는 러다이트 운동가가 아니라, 신기술의 전도사가 되어야 한다. 전 세계적으로 인구가 증가하고 필요한 물품이 많아진 만큼, 지속 가능한 방식으로 충분한 식량과 에너지를 확보하는 일은 필수적이다. 그렇지만 상당 수 사람들은 문제가 너무 빨리 전개되는 나머지 사회가 제대로 대처하지 못할 수도 있고, 우리가 험난한 여정을 겪으며 이번 세기를 헤쳐 나가야 할지도 모른다고 염려한다.

물론 이런 도전과제들은 대부분 전 세계에 걸쳐 있다. 코로나-19에 대처하는 것은 분명 글로벌한 과제다. 그리고 식량이나 물, 천연자원의 잠재적인 부족과 저탄소 에너지 전환 문제는 각 국가가 개별적으로 해결할 수 없다. 또한 잠재적으로 위협을 일으킬 혁신들, 특히 글로벌 대기업이 주도하는 혁신에 대한 규제 역시 개별 국가로는 역부족이다. 실제로 이런 상황에서 핵심 쟁점은, '새로운 세계 질서'에서 새로 등장하는 조직들(이를테면 국제원자력기구나 세계보건기구와 비슷한)에 각 국가가 얼마나 주권을 양보해야 할 것인가다.

과학자들은 이러한 글로벌 과제를 해결하는 데 자신들의 연구가 쓸모 있게 활용되도록 힘쓸 의무가 있다. 어떤 기술이나 대책의 단점과 위험 요소를 다루는 데 과학자들의 의견은 중요하다. 이들은 정부가 환경적인 위협이나 기술 오용의 위험처럼 여러 무시무시한 시나리오 가운데 어떤 것을 공상과학으로 치부해 무시할 수 있는지, 그리고 심각한 시나리오를 피하는 최선의 방법이 무엇일지를 현명하게 결정하도록 돕는다. 또한 어디서든 네트워크로 연결되고 인공지능이 지배하는 세계에서 인간 사회가 어떻게 번영할 수 있을지 상상하기 위해서는 사회과학자들의 통찰력도 필요하다.

내 연구 분야는 천문학과 우주론이다. 그러니 이 서론을 끝내기 전에 이런 질문을 던져보는 게 좋겠다. 천문학자들이 이 책의 주제와 관련해 기여할 수 있는 특별한 관점을 가졌는가? 내 답은 '그렇다'이다. 천문학자들은 뉴에이지 운동가들이 환영할 법한 익숙한 통찰을 제공한다. 인간은 지구상의 모든 생명체와 공통된 기원을 지녔으며 '유전자 암호'를 공유할 뿐만 아니라, 우주와도 연결되어 있다. 지구의 모든 생명체는 가장 가까운 항성인 태양의 열과 빛에 의해 에너지를 공급받으며, 우리와 태양계 전체를 형성하는 원자는 수십억 년 전 머나먼 별에서 원시 수소로부터 만들어졌다.

하지만 더 중요한 사실은, 천문학자들이 우주의 광대함만이 아니라 앞으로 전개될 엄청난 시간의 범위에 대한 인식을 제공한다는 점이다. 진화가 얼마나 놀랄 만큼 오랜 시간에 걸쳐 진행되었는지에 대한 지식은 이제 모두가 공유하는 문화의 일부가 되었다(창조론자 진영을 제외한다면). 우리와 우리를 둘러싼 생물권은 약 40억 년에 걸친 진화의 결과로 나타났다. 그렇지만 사람들은 여전히 우리 인류가 진화 계보의 정점에 있다고 여긴다. 하지만 이런 생각은 과거 뿐만 아니라 미래로 확장되는 거대한 시간 지평선을 잘 아는 천문학자들에게는 거의 믿기 힘든 주장이다. 우리 태양은 45억 년 전에 만들어졌지만, 태양 내부의 핵연료가 고갈되려면 앞으로 60억 년은 더 지나야 한다. 그리고 우주는 아마도 영원히 계속 팽창할 것이며(오늘날 최선의 장기적인 예측에 따르면 그렇다), 계속해서 더 춥고 텅 빈 공간이 될 것이다. 그러니 비록 지금 당장은 생명체가 지구에만 존재한다고 해도, 지구상이든 훨씬 더 먼 곳에서든 인류를 넘어선 진화가 이뤄질 여지가 있다. 태양의 소멸을 목격하는 존재는 인류가 아닐 것이다. 아마도 우리보다는 차라리 벌레와 더 가까울 만큼 인류와 다른 존재일 것이다. 우리는 그들이 어떤 힘을 가지고 있을지 도저히 상상할 수도 없다.

물론 이 책은 광대한 우주보다는 더 좁은 주제를 다룬다. 이 책의 초점은 우리의 지구, 그리고 주로 현재의 세기에 맞춰져 있다(우주적 관점에서는 일순간이지만 유감스럽게도 사업가나 정치인들의 계획이 닿는 지평보다는 긴 기간이다). 그리고 과학적 사실들보다는 과학자 공동체가 사회·경제·정치와 어떻게 상호작용하는지에 초점을 맞췄다. 실제로 나는 이 책에서 '과학'이라는 용어를, '기술과 공학을 수용하기 위한 공공 담론의 일반적인 관행과 실천'이라는 뜻으로 쓸 것이다.

'문제 해결법'은 새로운 설계 과제에 직면한 엔지니어든, 먼 우주를 탐사하는 천문학자든 우리 모두에게 동기를 부여한다. 그리고 나는 비록 학계 중심의 경력을 가졌지만, '응용과학'이야말로 '순수과학'과 공생하면서도 더 많은 두뇌와 자원을 사용하는 분야라는 사실을 강조하고 싶다. 엔지니어 친구들과 공감하며 봤던 오래된 만화가 하나 있다. 비버 두 마리가 거대한 댐을 올려다보고 있는데, 한 비버가 다른 비버에게 이렇게 말한다.

"내가 저걸 실제로 만든 건 아니지만, 내 아이디어에 기초했지."

***

1장에서는 과학에서 변혁을 겪고 있는 세 영역을 강조해서 드러낸다. 바로 '기후와 환경', '생물의학', '컴퓨터와 머신러닝'이다. 실제로 이 영역들이 사회적 이익을 위해 어떻게 효율적으로 사용되는지에 따라 우리 종의 미래 전체가 달렸다. 나는 과학과 기술이 최적으로 활용되는 것이 인류의 집단적인 번영에 필수적이라고 주장한다. 물론 단점을 염두에 둘 필요는 있다. 일부 기술은 지나치게 빨리 발전하는 나머지 우리가 적절하게 대처하지 못할 수 있다. 그리고 실수나 설계상 오류에 따른 오용은 재앙으로 이어질 수 있다. 그럼에도 위험과 이익 사이에는 언제나 균형점이 있다. 따라서 대중의 우려를 존중하면서도 그것이 불균형한 인식으로 왜곡되지 않도록 하는 것이 중요하다.

2장에서는 과학자들이 어떤 사람들인지를 설명한다. 과학자들 가운데 실제로 우리가 생각하듯 전형적인 고정관념이나 성격, 업무 패턴을 그대로 가진 사람은 드물다는 점을 강조하고, 과학자들의 생각이 어떤 방식으로 전달되어 우리 문화의 일부가 되고 현대 세계(그리고 미래 세계)의 기반이 되는지 알아보고자 한다. 그리고 과학이라는 대규모 산업의 구조와 그 사회학, 과학의 범위와 한계, 과학과 문화·정치의 관계를 설명하고, 과학을 어떻게 활용할지 대중이 정보에 기초해 선택하는 능력을 키울 수 있는 방법을 다룬다. 과학자들은 자신의 연구를 응용한 결과가 전문지식을 훨씬 뛰어넘는 반향을 일으킨다는 사실을 인정해야 한다. 그리고 시민과 정치인들은 새로운 발견이 비윤리적이거나 위험하게 적용되지 않는지를 확인해야 할 것이다.

3장에서는 과학자들이 일하는 기관과 연구소에 대해 다룬다. 이런 기관 가운데 일부는 심각한 약점을 가지고 있다. 과학자들이 정부에 조언자로서 얼마나 참여할 수 있는지, 캠페인이나 언론을 통해 얼마나 대중과 직접 접촉할 수 있는지는 나라마다 다르다. 특히 우리가 직면한 도전과제들이 점점 더 국제적인 협력과 대응을 요구하게 되면서, 국제기구와 학회의 역할은 강화될 필요가 있다. 과학은 말 그대로 글로벌한 문화이며, 전문가들과 여러 종합대학·단과대학 사이의 국제적인 접촉이 더 긴밀해져야 한다.

　과학자가 되는 것은 하나의 직업을 선택한 결과다. 이때 충분히 재능 있는 사람들이 과학자를 선택하는 것이 중요하다. 그러려면 충분한 인센티브를 비롯해 적절한 교육과 기회가 필요하다. 그래서 4장에서는 앞으로 전문가가 될 사람들의 관점뿐만 아니라 좀 더 넓은 맥락에서 교육 문제를 다루려 한다. 우리 모두가 첨단 기술이 지배하는 세계에서 편안함을 느낄 수 있도록 과학을 충분히 이해하고, 과학이 어떻게 적용되는지 토론에 참여하게끔 하도록 말이다. 영국의 정규 교육과정은 영국 사회에서 가장 경직된 분야 중 하나로 꼽힌다. 미국이 영국보다는 조금 더 유연하지만, 학교 수준에서는 앵글로색슨 세계 전체가 스칸디나비아 국가나 동아시아 지역에서 교훈을 얻어야 한다. 세상은 너무 빠르게 변화하고 있기 때문에 학습은 평생 이뤄져야 하는 활동이다. 그리고 교육은 특권을 가진 소수에 국한되지 않고 포괄적이고 유연해야 한다. 그러기 위해서는 인터넷의 이점을 최대한 활용해야 할 것이다. 한 세기 전에 공상

과학 작가인 허버트 조지 웰스가 했던 다음과 같은 말은 당시보다 오늘날에 훨씬 더 강하게 울려 퍼지는 듯하다.

"교육과 대재앙이 서로 경주를 하고 있으며, 우리는 그 사이에 있다."

감사의 말 • 7

머리말 • 8

1장   **거대한 과제들**

미래 세대를 위한 과학의 네 가지 도전

하나, 생물권에 대한 위협 ———————————— 31
인구 증가와 생물 다양성의 손실

둘, 기후 위기와 에너지 위기 ———————————— 44
저탄소 미래 세계를 위한 과학의 청사진

셋, 생명공학 ———————————————————— 64
희망과 두려움, 그리고 윤리적 난제

넷, 컴퓨터·로봇·인공지능 ———————————— 80
특이점이 올 것인가

파멸을 피하기 ———————————————————— 89
과학자가 해야 할 것, 하지 말아야 할 것

2장   **과학자는 누구인가**

고독한 사상가에서 팀 플레이어까지

과학은 문화다 ———————————————————— 99
'두 문화'의 과거와 현재

과학자들이 하는 일 —————— 106
새로운 아이디어에 덤벼드는 비평가

커뮤니케이션 기술과 토론 —————— 118
'팩트'의 죽음을 피하려면

과학과 미디어 —————— 130
과학 저널리즘에 대하여

과학의 한계와 21세기의 과제 —————— 141
과학의 최전선들

과학은 팀 플레이다 —————— 154
지식의 꾸러미에 벽돌 몇 개를 얹는 것

3장 실험실에서 나온 과학

연구소·기관·단체 등 과학 공동체의 세계

과학과 정치 —————— 169
코로나-19의 교훈

국방의 세계 —————— 181
과학자에게도 '히포크라테스 선서'가 필요하다

자문과 활동가들 —————— 193
과학은 정부에, 정부는 과학에 무엇을 할 것인가

국경을 넘나드는 과학 —————— 201
전 세계 과학의 거대한 구조적 변화

아카데미와 네트워크 —————— 208
나의 아주 사적인 커리어에 대하여

4장   과학에서 최고의 것을 얻기
교육에 대하여

과학적 창의성을 최고로 높이려면 ————— 225
국가 기풍의 중요성

과학자 육성하기 ————— 233
국제적 관점

과학 인재를 유치하고 지원하기 ————— 239
학자의 길이 매력을 주려면

대학, 공공, 민간 ————— 245
연구를 가장 잘 수행하고 가장 잘 활용하는 곳

득보다 실이 많은 과학상 ————— 251
시스템은 과연 공정한가

과학 지식을 공유하기 ————— 263
시민 과학자에서 STEAM 교육까지, 새로운 진보의 시대

과학 교육을 강화하기 ————— 272
교육 불평등과 새로운 고등교육의 전망

상아탑에서 ————— 281
오래된 것의 가치에 대한 몇 가지 단상

에필로그 • 286

주 • 294

거대한 과제들

Global Mega-challenges

미래 세대를 위한
과학의 네 가지 도전

코로나-19가 창궐했던 '역병의 시간'은 두 가지 대조적인 메시지를 우리에게 아로새겼다. 첫째, 오늘날 전 세계는 서로 연결되어 있다. 어느 지역에서든 연쇄적인 재앙이 전 세계적으로 퍼질 가능성이 있다. '모두'가 안전하기 전까지 진정으로 안전한 나라는 없다. 둘째, 국제적으로 수행되는 과학은 백신 개발의 예에서 드러났듯 우리의 구원이 될 수 있다. 이 위기가 지나간 뒤 많은 국가에서 그다음 유행병에 더 잘 대비할 수 있기를 바란다. 나아가 코로나 위기는 '잠을 깨우는 전화'처럼, 훨씬 더 치명적일 수 있는 미래의 여러 위협에 대한 우려를 심화시켰다. 따라서 이 위기가 세계가 직면한 모든 장기적인 도전과제에 맞설 효과적인 행동을 촉발하기를 바란다.

　　이제 나는 서로 얽혀 있는 글로벌한 대규모 도전과제를 강조하고자 한다.

1. 생물 자원의 고갈과 기후 변화의 위험을 피하면서, 점차 증가하는 인구에 필요한 식량과 에너지를 제공하기.

2. 끊임없이 발전하는 생명공학이 제기하는 윤리·안전상의 도전과제에 대처하면서, 그것이 보건·농업 분야에 주는 이점을 활용하기.

3. 인공지능, 인터넷, 소셜미디어를 활용해 우리 경제와 사회를 변화시킬 방법 찾기.

이 과제들은 이미 경보가 울린 상태로 오랫동안 인류의 공동 의제였지만, 이제 우리가 새롭게 다시 고려해야 할 항목들이다.

하나, 생물권에 대한 위협

인구 증가와
생물 다양성의 손실

오늘날 우리가 맞이한 지정학적 도전의 배경에는 인류의 집단적인 탄소발자국이 점점 더 무거워지는 세상이 있다. 지금 지구상에는 1960년대의 두 배인 78억 명이 살고 있다. 하지만 폴 에를리히Paul Ehrlich(1968)[1]와 로마클럽(1972)[2]의 파멸적인 예측에도 불구하고, 크게 보면 식물과학의 발전('녹색혁명') 덕분에 식량 생산량은 인구와 보조를 맞추며 증가하고 있다. 물론 기근은 여전히 발생하고 어린이들을 포함한 많은 인구가 영양실조 상태다. 그렇지만 아프가니스탄이나 예멘, 에티오피아가 극심하게 고통스러운 기근을 겪는 이유는 전반적인 식량 부족 탓이 아니라, 주로 갈등이나 분배 문제 때문이다.

인구의 증가세는 이제 둔화되는 추세다. 실제로 전 세계적으로 연간 출생아 수는 감소하고 있다. 대부분 국가에서 여성 1인당 출생아 수는 '세대를 그대로 대체하는 수준'인 2.1명보다도 아래로 떨어졌다. 게다가 일본은 1.5명, 캐나다는 1.56명, 중국은 1.64명이어서 인구 고령화에 대한 우려로 이어졌다. 하지만 그래도 전 세계 인구는 2050년에 약 90억 명까지 증가할 것으로 예상된다.[3] 오늘날 개발도상 국에서 최근 수십 년간 지속적으로 출생률이 높아지고 유아 사망률이 줄어들면서 대다수 국민들이 젊어졌기 때문이다. 이 젊은이들은 아직 아이를 갖지 못했고 더 오래 살 것이다. 게다가 저출산으로의 전환은 전 세계 모든 곳, 예컨대 사하라 사막 이남 아프리카의 시골 지역 같은 곳에서까지 일어나지는 않았다.

오늘날 지구상에 살아가는 78억 인구의 대부분은 '북반구의 선진국' 기준에서 봤을 때 가난하다. 세계은행에 따르면, 공식적인 '극빈자'의 기준인 하루 1.9달러 이하로 버는 사람의 비율이 1950년에 약 60퍼센트였다가 오늘날에는 10퍼센트로 떨어지기는 했지만 말이다.[4] 그래도 남반구 (앞으로 수십 년 동안 대규모 인구 증가가 이뤄질)의 모든 국민이 유럽이나 북아메리카 사람들처럼 영양을 충분히 공급받으려면 세계 식량 생산량이 2050년까지 다시 두 배가 증가해야한다.

식량 생산량이 지난 50년 동안 두 배로 증가한 것은 사실이지만, 여기서 다시 두 배가 증가하는 데는 난점이 따른다. 에너지나 비옥한 토지, 물의 공급량에 제약이 있을 것이다. 이 문제를 해결하려면 (냉동 등을 통해) 폐기물을 줄이고 관개 기술을 개량하며 보존식 경작, 물 절약, 유전자변형 작물 재배 등으로 농업을 개선해야 한다. 변화하는 기후에서도 농작물을 효율적으로 생산하고 숲이 잠식되지 않도록 하는 농경법이 필요하다. 한마디로 '지속 가능한 증대'다.[5] 또 남획으로 어떤 종을 멸종으로 몰고 가지 않으면서도 바다에서 식량 생산량을 증가시켜야 한다는 압박도 있다. 그리고 전형적인 '서양식 식단'에도 확실한 변화가 필요하다. 우리 모두가 오늘날의 미국인들만큼 쇠고기를 많이 소비할 수는 없다.

사실 최첨단 기술을 도입하지 않아도 식단을 어느 정도 혁신할 수 있다. 예컨대 식물성 단백질로 인조 고기를 만들거나, 곤충이나 구더기를 먹을 만한 음식으로 탈바꿈시키는 것처럼 말이다. 실제로 미국의 '비욘드 미트 앤 임파서블 푸드Beyond Meat and Impossible Foods'라는 회사는 이미 식물성 '쇠고기'버거를 판매하고 있다(밀, 코코넛, 감자가 주원료이고 비트뿌리의 즙으로 촉촉함을 더했다). 물론 이런 '가짜 버거'가 고기에 입맛이 길들여진 미식가들을 만족시키려면 시간이 좀 걸릴 것이다.

하지만 이런 새로운 음식들은 사실 실험실에서 개발된 결과물이라기보다는 영리하게 잘 만든 특별하고 별난

요리라고 말할 수 있다. 생화학자들은 이제 더 근본적인 혁신을 예고하는 돌파구를 만들고 있다. 예컨대 동물로부터 몇 개의 세포를 채취한 다음 적절한 영양분으로 복제를 자극해 고기를 키워낸다. 2020년 싱가포르의 식품규제청은 미국의 스타트업 회사 잇저스트Eat Just 사가 개발한 '양식된 인조 고기'의 판매를 승인했다. 인간처럼 까다로운 육식동물이 받아들일 만한 고기 대용품을 생산하면 확실히 생태학적으로 이로울 것이다. 문제는 이 제품을 저렴하게 대량 생산해서 시장에 내놓을 수 있는지 여부다. 상당수 사람들은 이를 윤리적 진보라 여기며 환영할 것이다. 반면 미래 세대들은 훗날 이러한 '공장식 농업' 기술에 대해 공포와 혐오를 느끼며 되돌아볼 수도 있다.

하지만 비록 가격이 저렴해지더라도, 겉보기에 '자연스럽지 않은' 식품이 얼마나 사람들에게 쉽게 받아들여질지는 의문이다. 고작 반려동물의 사료로만 쓰인다면 실망스러울 것이다. 특히 유전자변형 작물의 지난 역사를 되짚어보면 걱정스럽다. 이 농작물이 분명한 이점을 지녔고 북아메리카에서는 3억 명이 20년 동안 몸에 명백한 해를 입지 않고도 먹어왔지만, 극단적인 '예방 원칙'을 채택하는 유럽연합에서는 금지되었다. 아프리카의 기근을 완화하기 위한 식량 원조용으로 보내질 때조차도 거부당했다.

세계자연기금(WWF)은 오늘날 전 세계가 지속 가능한 수준의 약 1.7배에 달하는 천연자원을 소비하고 있어 이미 지구를 황폐화시키고 있다는 추정치를 내놓은 바 있다.[6] 이는 전 세계 인구가 줄어드는 것이 최선임을 시사한다. 하지만 지구의 인구 수용력을 확실하게 정의하기란 불가능하다는 사실을 인식하는 게 중요하다. 만약 모든 사람이 오늘날의 미국인들처럼 산다면 현재의 인구는 절대 지속 가능하지 않을 것이다(동물성 식단은 식물성 식단에 비해 탄소발자국이 훨씬 높다. 목초지와 가축 사료를 생산하는 데 사용되는 토지를 합치면 축산업은 이미 전 세계 농경지의 80퍼센트 가까이 사용하고 있다). 반대로 200억 명의 인구가 캡슐 안에서 거의 이동하지 않고 가상 현실에서 만족스럽게 살아가는, 지속 가능한 디스토피아를 상상해볼 수도 있다. 추천할 만한 미래는 아니지만 말이다. 이러한 문제들을 해결하기 위해서는 하나하나의 모든 단계에서 선택이 이뤄져야 한다.

자연에 대한 인류의 집단적인 영향이 '행성의 경계'[7]까지 지구를 강하게 밀어붙인다면, 그 결과 발생하는 생태학적 충격은 우리의 생물권을 돌이킬 수 없을 만큼 피폐하게 만들 수 있다. 인구밀도가 높은 국가에서는 도시화나 살충제 등이 야생동물에 미치는 결과에 대해 광범위한 불안감을 안고 있다. 비록 균형 잡힌 생태계를 이루는 데 더 중요한 곤충이나 미생물보다는 조류나 포유류에 더 중점을 두는 경향이 있긴 하지만 말이다. 그러나 생물 다양성 손실에 따르는 부정적인 영향은 여전히 글로벌 의제에서 충분히 언급되지 않는다. 그 이유 중 하나는 가난한 나라의 사람들이 가장 힘든 처지에 있으면서도 어쩔 수 없이 시간적 지평에 대한 시야가 좁기 때문이기도 하다. 그리고 또 다른 이유는 생태계의 일부가 공간적으로 광범위한 데다 여러 국가의 경계를 가로지르기 때문이다. 대표적인 예로 여전히 공동 자원으로 남아 있는 해양은 앞으로 더욱 강력한 규제가 필요하다.

토지에 건물이 들어서거나 경작 또는 가축 방목이 과도하게 이뤄질 때, 그리고 대지를 용도별로 세분화하는 과정에서 생물 다양성은 위협을 받는다. 식량 생산을 위한 여분의 토지나 바이오 연료를 얻기 위해 숲이 잠식된다면 생물 다양성의 손실이 더욱 가중될 것이다. 기후 변화와 토지 이용의 변경은 복합적으로 서로를 증폭시키며 폭주하고, 잠재적으로 돌이킬 수 없는 변화를 일으키는 티핑 포인트를 유도할 수 있다.

다양한 생태계가 그렇지 않은 생태계에 비해 더 지속 가능하고 회복 탄력성이 있다. 주변 상황이 바뀌면 다른 특성을 가진 일부 종들이 이점을 누릴 수 있다. 이들은 필요하다면 공을 넘겨받을 수 있도록 경기장의 양 끝 윙에서 기다리는 선수들이다. 반면 다양성이 적은 생태계는 변화하는 환경에 잘 대응하기 어렵다. 후보 선수가 벤치에 있는 팀이 다양한 기술을 갖춰 선택 범위가 넓기에 더 유리하다. 이에 대해 유명한 환경운동가 데이비드 아텐버러David Attenborough는 이렇게 말했다.

오늘날 식용으로 기르는 가축과 우리 인류를 합치면 지구상의 포유류 가운데 96퍼센트다. 나머지 고작 4퍼센트만이 코끼리, 오소리, 말코손바닥사슴, 원숭이에 이르는 다른 온갖 종이다. 그리고 오늘날 살아 있는 새의 70퍼센트는 가금류이며, 대부분은 우리가 먹기 위해 기르는 닭이다. 우리는 생물 다양성을 파괴하고 있다. 바로 그 생물 다양성 덕에 최근까지도 자연 세계가 매우 풍부하게 번성할 수 있었는데도 말이다. 만약 우리가 이렇게 자연에 계속 해를 입힌다면 생태계 전체가 붕괴할 것이다. 이것은 이제 진정한 위협이다. 이런 상황을 바로잡기 위해서는 지구상의 모든 국가가 협력해야 할 것이다. 그리고 우리의 기존 방식을 바꾸기 위해서는 국제적인 협약이 필요하다. 각각의 생태계는 자체적인 취약점이 있고 각자의 해결책이 요구된다. 우리는 이러한 생태계가 어떻게 작동하며, 손상된 시스템이 어떻게 다시 건강을 되찾을 수 있을지에 대한 지식을 공유해야 한다.[8]

하지만 아텐버러의 경고를 듣고 문제를 해결하고자 실천에 옮기는 과정에서 커다란 장애물이 있다. 우리 모두에게 자연 세계가 중요함에도 불구하고, '자연 자본'이 국가의 예산에 포함되지 않는다는 점이다. 예를 들어 숲의 나무가 베어지면 한 국가의 자연 자본에 마이너스로 기록되어야 한다. 이것은 케임브리지대학의 동료 교수인 파르타 다스굽타Partha Dasgupta가 오랫동안 각국 정부에 촉구한 내용이지만, 대부분 국가에서는 이렇게 하지 않는다. 2021년에 발표한 다스굽타의 500쪽짜리 인상적인 보고서[9]가 2022년 중국 쿤밍에서 열린 유엔 생물다양성회의에 영국측 자료로 제출되었다. 이 보고서는 2006년 니콜라스 스턴Nicholas Stern의 그 유명한 '기후 변화의 경제학' 보고서[10]에 견줄 만하다. 여기서 다스굽타는 이렇게 설명한다.

우리는 생물권 안에 단단히 뿌리 내리고 살아가는 만큼, 생존뿐만 아니라 우리의 안녕과 복지를 위해서도 생물권에 전적으로 의존한다. 자연이 주는 재화와 서비스는 우리 경제의 기초다. 여기에는 우리가 수확하고 추출하는 재화(식량·물·섬유·목재·의약품)를 공급하는 지원 서비스를 비롯해, 우리가 즐거움을 얻거나 심지어 정서적인 유지와 회복을 위해 찾는 정원과 공원, 바닷가를 제공하는 문화 서비스가 포함된다. 게다가 자연의 처리 과정 중에는 수많은 기능이 있다. 이를테면 생물 종의 유전자 라이브러리를 유지하고, 토양을 보존하고 재생하며, 홍수를 통제하고, 오염 물질을 여과하고, 폐기물을 흡수하고, 농작물을 꿀벌이나 바람으로 수분시키며, 물의 순환을 유지하고, 기후를 조절하는 것 등이다. 이러한 조절과 유지·보수 서비스가 없다면 우리가 알고 있는 생명과 삶은 불가능할 것이다.

생물 다양성 상실에 따른 가장 파괴적인 결과는 멸종이다. 우리가 채 읽기도 전에 '생명의 책'* 자체를 파괴하는 것이다. 생물 다양성은 인류의 복지와 번영에 필수적이다. 만약 남획으로 인해 몇몇 종이 멸종한다면 우리는 반드시 무언가를 빼앗기게 될 것이다. 예컨대 열대 우림은 유전자 풀에서 의약품으로 활용될 수 있는 식물들이 자라나는 곳

---

* 천국에 가서 영생을 얻을 사람들의 이름을 전부 기록한 책.

이다. 한편 생물 다양성은 위대한 생태학자 에드워드 윌슨 E. O. Wilson이 다음과 같이 웅변적으로 이야기했던 정신적인 가치도 지니고 있다.

> 자연 생태계(숲, 산호초, 푸른 바닷물)는 세계를 우리가 원하는 모습으로 유지한다. 우리의 몸과 마음은 다른 곳이 아닌, 꼭 지구라는 이 특정한 행성에서 살도록 진화했다.[11]

이러한 정서는 자연보호 운동가들로부터 반향을 불러일으킨다. 그들 중 상당수는 실제로 생물권의 풍부함을 보존하는 것 자체로 가치가 있다는 윤리적 입장을 취한다. 윌슨의 말을 다시 인용하자면, "우리가 저지를 죄 가운데서도 미래 세대가 가장 용서하지 않을 것이 있다면 대멸종이다."

그렇다면 더 먼 미래는 어떨까? 2050년 이후로 인구가 어떻게 변화할지는 확실하지 않다. 전 세계적으로 계속해서 증가할지, 아니면 방향을 바꿔 감소세로 접어들지조차 불확실하다. 유엔의 예측에 따르면, (아프리카 여러 지역의 가정들이 여전히 대가족이라면) 아프리카 대륙의 인구는 2100년까지 다시 지금의 두 배인 40억 명으로 늘 것이고, 전 세계 인구는 110억 명까지 늘어날 것이다. 나이지리아의 인구만으로도 북아메리카와 서유럽의 인구를 합친 것과 맞먹을지도 모른다.

하지만 그렇게 된다 해도 아프리카 국가들이 북반구 선진국들과의 경제 격차를 좁힐 수 있을까? 아니, 빈곤의 덫에서라도 벗어날 수 있을까? 이 시나리오에서 가장 우려되는 부분은 바로 지정학적인 긴장을 일으키는 국가 간 또는 한 국가 안에서의 불평등이다. 이전 세대가 운명에 순응하는 모습을 보인 것과 달리, 이제 가난한 국가의 사람들도 자신들이 무엇을 놓치고 있는지를 알고 있다. 그들은 화장실은 없을지도 모르지만 정보통신 기술에 대한 접근성이 좋아진 덕에, 자신들의 부당한 운명을 드러내는 세계에 대한 창을 얻었다. 그뿐만 아니라 이민과 이주도 더 쉬워졌다. 이것은 사람들 사이에 불만과 불안정이 생겨날 징조다. 부유한 국가들, 특히 유럽의 여러 나라는 단지 이타적인 이유뿐만 아니라 이런 이유 때문에라도 남반구의 가난한 국가들이 더욱 성장하고 번영하도록 긴급하게 도와야 한다. 사하라 이남 아프리카 나라들을 위한 '대규모 마셜 계획'이나 물자 대여 정책이 필요하다. 물론 현재로서는 이 지역이 서구보다는 오히려 중국의 일대일로 정책을 통해 더 많은 걸 얻게 될 것으로 보이지만 말이다.

자연의 서식지를 과도하게 침해하거나 생물 다양성을 위협하지 않으면서도 90억 명(2050년)의 인구를 먹여 살리는 일이야말로 글로벌한 도전과제다. 흔히 식품과학이라고 하면 그다지 매력적이지 않은 주제처럼 보일지 모르지만, 이 일이야말로 인류의 보건과 번영을 지속하기 위한 선결 과제다. 집약 농업을 개발하고, 식물의 질병을 박멸하며, 완전히 새로운 음식을 만들어내는 일(문화적으로나 입맛에 맞게 받아들일 수만 있다면) 등이 그렇다. 북반구의 기술 선진국들이 식물과학과 유전학에 대한 전문지식을 공유하고 이를 효율적으로 사용한다면, 전 세계가 지속 가능한 발전을 이루도록 파격적인 영향력을 발휘할 수 있다. 세계보건기구(WHO) 최초의 여성 사무총장을 역임한 그로 할렘 브룬틀란Gro Harlem Brundtland이 1987년에 발표한 고전적인 보고서는 이 과제에 대해 이렇게 분명하게 말한다.[12]

미래 세대가 자신의 요구를 충족시킬 능력을 손상하지 않으면서 현재 세대의, 특히 가난한 사람들에게 필요한 바를 충족시키는 것.

우리는 자연 세계의 경이로움과 아름다움을 손상하지 않으면서도 이 목표를 성취할 수 있다. 이것은 젊은 세대에게 매우 고무적인 도전이자, 미래에 대한 투자가 될 것이다.

비슷한 주장이 훨씬 더 큰 규모의 도전에도 적용된다. 전 세계를 위해 '청정에너지'를 생산하는 것, 이제부터 알아볼 주제다.

둘, 기후 위기와 에너지 위기

저탄소 미래 세계를 위한
과학의 청사진

세상은 점점 더 붐비고 있다. 그리고 이 사실 못지않게 확실한 예측이 또 하나 존재한다. 기후는 점점 따뜻해질 것이다. 식량이나 인구 문제와는 달리 기후 변화 문제는 아직 필요한 대응을 하지 못했으며 충분한 논의도 없었던 게 분명하다. 그뿐만 아니라 이 책의 주제이기도 한 과학자와 대중, 정책 입안자 사이에 생길 수 있는 긴장을 뚜렷이 보여준다.

기후과학이 다루는 분야에는 복잡하게 얽힌 여러 효과들의 네트워크가 포함된다. 그래도 한 가지 핵심적인 증거는 있다. 대기 중 이산화탄소의 양이 200만 년 전보다는 많아졌고, 게다가 거침없이 증가하는 중이다. 주된 이유는 화석연료의 연소 때문이다. 이 측정에는 논란의 여지가 없다. 가장 잘 알려진 증거는 찰스 킬링Charles Keeling과 랠프 킬링Ralph Keeling 부자가 50년 넘는 세월 동안 하와이에서 측정한 값에 기초한 '킬링 곡선'이다.[13] 이것은 19세기부터 이미 알려져 있던 간단한 화학 원리에 따라, 이산화탄소가 바로 '온실 기체'라는 사실을 알려준다.

온실 기체는 마치 담요 같은 역할을 해서 지구에서 방출되는 열(적외선 복사의 형태로)의 일부가 우주 공간으로 자유롭게 빠져나가지 못하게 막는다. 그에 따라 대기 중에 축적된 이산화탄소는, 남태평양의 엘니뇨 현상처럼 최대 10년의 시간 간격을 두고 변동을 일으키는 다른 영향들과 겹쳐돌이킬 수 없는 장기 온난화를 일으킨다. 게다가 이산화탄소의 직접적인 온난화 효과를 높이는 '되먹임 효과' 때문에 과학적인 해석은 더욱 복잡해진다. 특히 따뜻해진 대기는 더 많은 수증기를 담을 수 있는데, 이 수증기는 그 자체로도 온실 기체이지만 구름의 양에도 영향을 미친다. 그리고 이것은 다시 바람과 강우의 패턴에도 영향을 준다. 더구나 일반적으로 지구 온난화를 이산화탄소 농도와 연관시키는 데 사용되는 수치는 전체 평균값일 뿐이므로, 기온의 상승은 그곳이 육지인지 바다인지에 따라, 그리고 서로 다른 위도에서 불균일하게 일어날 것이다.

2021년 8월, '기후 변화에 관한 정부간 협의체'(IPCC)는 작업그룹1의 여섯 번째 보고서를 발표했는데,[14] 미래에 화석연료를 어느 정도 비중으로 사용할 것인지에 대한 다양한 가정에 따라 이후 전개될 기후의 추세를 제시한 것이다. IPCC는 전 세계 과학자들이 협력해 세계 기후를 예측하고 정책 입안자들에게 전달할 의견을 압축적으로 정리하는, 사회학적으로 인상적인 공동 사업이다(과학을 수행하는 스타일 면에서 킬링 부자의 개인적인 작업 방식과는 크게 대조적이다). 1988년 유엔에 의해 설립된 이래 현재 세계 최고의 기후 전문가 대부분이 참여하기에 이르렀다. IPCC는 3개의 작업그룹과 태스크포스 위원회 하나로 이뤄졌으며, 각 그룹에는 선진국에서 온 의장과 개발도상국에서 온 의장이 있다. 그리고 약 7년에 한 번씩 세계 현황 평가보고서가 새로 발행된다. 이 과정을 통해 과학자들은 기후 변화가 미치는 영향, 적응, 취약성, 추세의 완화를 모니터링하고 지식을 쌓아 그동안의 발전 결과를 검토하고 종합한다.

　작업그룹1은 기후과학에 중점을 두고 있으며, 동료 심사가 이뤄진 전 세계 1만 4,000건 이상의 연구에 의존한다. 두 번에 걸친 보고서 초안은 전문가들로부터 7만 건 넘는 의견을 받았고, 66개국의 과학자들에게 승인을 받았다. 그리고 이후 유엔의 위임을 받아 195개 회원국 대표들이 검토했다. 그 결과 다음 세 가지의 주요 발견이 이뤄졌다. 첫째, 인류는 지구 온난화에 대해 '명백히' 책임이 있다(이미 상당수 사람들이 그렇게 생각하지만 이것은 지금껏 IPCC가 발표한 내용 가운데 가장 어조가 강한 문장이다). 둘째, 지속적인 해수면 상승과 같은 기후 변화의 일부는 적어도 수세기 동안 되돌릴 수 없다. 셋째, 이미 꽤 늦었지만, 그래도 다행히 최악의 영향을 피하기에는 아직 너무 늦지 않았다.

오늘날 지구는 마지막 빙하기 이전(12만 5,000년 전)보다 더 따뜻하다. IPCC의 작업그룹에 따르면, 2040년까지 세계는 산업화 이전보다 기온이 1.5°C 더 높아질 것이다. 그리고 이들은 이런 기온 상승이 '여러 가지로 상호 연관된 기후 위협'을 초래할 것이라고 주장한다. 태평양 섬 국가들 가운데 몇몇은 2100년쯤에 사라질 수도 있다.《워싱턴 포스트》에 따르면,[15] 정책 입안자를 위한 42쪽 분량의 IPCC 보고서 요약본에는 '신뢰도가 높다'라는 문구를 100번 이상 사용한 사례가 15개, '사실상 확실하다'는 사례가 10개쯤 포함됐다. 몇몇 과학자들은 이런 연구 결과가 외교적인 판단으로 조정되어 신중하게 발표가 이뤄진다고 여긴다. 물론 기후 변화는 종종 예측을 앞질렀던 만큼 이러한 용어들이 경솔하게 사용되지는 않는다. 그럼에도 이 여섯 번째 보고서는 2013년 발표된 다섯 번째 보고서에 비해 훨씬 더 단언적인 어조이며, 더욱 확실히 경고하고 있다.

이전 IPCC의 보고서와 비교했을 때 가장 최근의 보고서는 좀 더 장기간에 걸쳐 수집된 데이터를 기반으로 한다. 그에 따라 장기적 추세에 대한 증거가 강화되어 현재 평균 기온이 19세기에 비해 약 1.1°C 높아졌다는 설득력 있는 자료를 산출했다. 그뿐만 아니라 극심한 폭염과 폭우가 빈번해지면서 그에 따른 변화도 이미 나타나고 있다(2021년에는 극단적인 사건이 연달아 벌어진 한 해였다. 시베리아와 북아메리카 서부 해안에서 기록적인 기온을 보였고, 독일과 주변 국가에도 재앙에 가까운 홍수가 닥쳤다). 작업그룹1의 최신 보고서는 예측의 불확실성 범위를 더 좁힌다. 모델링은 크게 두 가지 방식으로 개선되고 있다. 첫째, 더욱 강력해진 컴퓨터는 대기 중의 복잡한 바람과 기온 패턴을 좀 더 안정적으로 시뮬레이션할 수 있는 더 미세한 '그물망'을 제공한다. 둘째, 구름이 만들어지는 방식이 예전에 비해 더 잘 이해된다(대기 상층부의 수증기는 물방울로 응축되는데, 이것들은 0℃ 밑으로 냉각되었다가 결정으로 언다. 이 '과냉각'의 정도가 구름이 얼마나 쉽게 형성되는지를 결정한다).

온난화는 북극에서 훨씬 빠르게 일어난다. 예전에는 이곳이 다른 곳보다 2배 빠르다는 주장이 있었지만, 최근의 연구 결과는 지난 20년간 온난화가 4배나 빨리 진행되었음을 암시한다. 얼음은 바닷물에 비해 햇빛을 더 많이 반사하기 때문에, 북극 얼음이 줄어들면 온난화가 전반적으로 가속화되는 '양의 피드백' 작용을 한다. 그리고 극지방의 소용돌이 기류와 제트 기류가 불안정해지면서 중위도 지역에 더욱 극단적인 기후 변화를 낳고 있다. 더 걱정스러운 사실은, 상황이 나아지지 않고 이번 세기 후반에 정말로 재앙적인 온난화를 비롯해 그린란드와 남극의 얼음이 녹는 등 장기적인 추세가 가속화되어 해수면 상승이 계속될 수 있다는 점이다.[16]

　오늘날 너무나 많은 것들이 위태로워졌지만, 더 확실한 예측을 위해서는 상황을 더 잘 이해하는 것이 중요하다. 물론 이미 알고 있는 지식만으로도 대부분의 과학자들은 기후 변화의 위험이 해마다 증가하고 있으며, 이것이 정치적 의제에서 높은 우선순위에 오를 만큼 위협적이라고 확신한다. 2022년 초에 발표된 IPCC의 다른 두 작업그룹의 보고서('영향, 적응, 취약성'과 '추세 완화'를 다룬) 역시 탄소 중심의 경제에서 하루빨리 벗어날 필요가 있다고 촉구했다.

　이러한 보고서에 드러나는 확신과 상황의 긴급성은 이 주제에 대한 모든 글을 무작위적으로 훑어보는 사람들을 놀라게 할 수 있다. 가뜩이나 인터넷에서 이른바 '트롤'이라 불리는 사람들은 다양한 모순적인 주장을 한다. 그렇다면 어떻게 옥석을 가릴까? 다음과 같은 비유가 답을 제시해줄 것이다. 여러분이 의학적인 조언을 받는다고 가정해보자. 어떤 질병이든 구글에서 검색해보면 그 치료법은 당혹스러울 만큼 광범위하다. 하지만 여러분의 건강이 위태롭다면 블로그 세계의 모든 글을 같은 비중으로 평가하지는 않을 것이다. 아마도 의학 분야의 확실한 자격증을 지니고 그동안 성공적으로 진단해온 누군가에게 자신을 맡길 것이다. IPCC 보고서 역시 마찬가지다. 다루는 주제에 대해 제대로 된 자격을 가진 사람들의 의견에 가중치를 더 많이 부여함으로써, 완전한 합의까지는 아니더라도 기후에 대한 좀 더 명확한 방향을 잡는다.

하지만 한쪽에는 과학을, 반대쪽에는 정책적 대응을 둔 채 그 사이에 투명한 물이 흐르도록 유지하는 것이 여전히 중요하다. 위험 평가는 위험 관리와 분리되어야 한다. 그렇기에 IPCC의 과학적 예측을 받아들여 한 세기 안에 기후 재앙이 닥칠 위험이 크다고 여기는 사람들조차도 오늘날 얼마나 긴급하게 행동해야 하는지에 대한 생각은 저마다 다르다. 이러한 차이는 경제학과 윤리에 대한 개념의 차이에서 비롯한다. 특히 우리가 미래 세대에 대해 얼마나 큰 의무를 느끼는지에 따라 다르다. 다시 말해 우리가 장기적인 우려를 무시할 것인지, 아니면 후손들의 위험을 줄이기 위해 보험료를 지불해야 한다고 느낄 것인지에 따라 다를 수 있다. 또 다른 윤리적인 문제도 있다. 영국이나 미국처럼 과거에 환경 오염을 더 크게 일으켰던 국가들이 그렇지 않았던 남반구의 국가들에 책임을 느껴야 하는지의 여부다 (남반구 국가들은 이산화탄소 배출에 대한 책임은 훨씬 덜하지만 기후 변화에 따른 결과에는 훨씬 더 취약하다).

하지만 약간의 응원을 덧붙인다면, 과학은 저탄소 중심의 미래 세계에 대한 '윈-윈'의 청사진을 제공할 수 있다. 많은 국가가 모든 형태의 저탄소 에너지 발전에 대한 연구개발을 가속화해야 한다. 특히 태양이나 바람을 통한 불안정한 발전 방식을 보완하는 데 중요한 저장장치(배터리, 압축공기, 펌프 저장장치, 수소 등)처럼, 병행적으로 꼭 필요한 기술의 연구개발에 박차를 가해야 한다. 장거리 저손실 송전망 역시 염두에 두어야 한다. 그래야 북아프리카와 스페인의 태양에너지를 태양이 덜 비치는 북유럽으로 원활하게 가져올 수 있고, 어쩌면 중국의 일대일로 실크로드 전체를 가로지르는 동서 간 송전선을 통해 서로 다른 시간대에 걸친 최대 전력소비 시간(일반적으로 오후 7시경)을 원활하게 처리할 수 있다. 이런 과제를 달성하려면 19세기에 철도를 건설하던 것과 비슷한 규모의 비전과 헌신, 공공과 민간의 투자가 필요하다. 실제로 전 세계를 통틀어 에너지와 송전 인프라를 완전히 전환하는 것은 수십 년이 걸릴 수밖에 없는 대규모 프로젝트다.

한편 풍력과 태양에너지 발전 역시 널리 활용되는 방식이다. 물론 특정한 지역적 '틈새'는 지열이나 수력, 조력 발전으로 채울 수 있지만 말이다.

그렇다면 원자력은 어떨까? 오늘날 원자력에너지를

광범위하게 사용하는 데 대한 양면성이 존재하지만, 4세대 원자력의 연구개발을 지원하는 것은 분명 가치 있는 일이다. 특히 소형 모듈식 원자로는 기존 원자로보다 더 유연하고 안전할 수 있으며, 표준 설계를 따를 경우 비용이 더욱 저렴하다. 서구 국가에서 건설되는 원자력 발전소의 숫자는 지난 20년 동안 급감했다. 현재의 원자로 설계는 1960년대로 거슬러 올라가는데, 안전성을 높이기 위해 이런저런 부가 기능을 덧붙이면서 엄청나게 비용이 많이 든다. 오늘날 원자력에 크게 의존하는 프랑스 같은 국가는 기존의 발전소들을 모두 교체해야 하며(교체 작업은 2030년대에 실시될 예정이다), 영국의 몇몇 발전소 역시 결함이 있어서 예정보다 이르게 원자로를 폐기 처분해야 한다.

물론 핵융합 발전도 여전히 자신이 무궁무진한 에너지원이라며 우리를 손짓해 부른다. 핵융합 발전을 이용하려는 시도는 1950년대부터 계속되었다. 비록 헛된 기대로 부풀었던 시기도 있었지만, 역사적으로 보면 잡힐 듯 잡히지 않고 점점 후퇴하는 지평선 같다. 핵융합 발전을 상용화하려면 아직도 최소한 30년은 남은 듯 보인다. 대부분의 프로토타입은 자기력을 사용해 수백만 도(℃)에서 기체를 가둬야 하는데, 이 온도는 태양의 중심 온도(약 1,500만 도에 이르는)에 육박할 만큼 높다. 하지만 핵융합 발전에 드는 비용과 그에 따른 만만치 않은 도전과제에도 불구하고 잠재적인 보상이 매우 크기 때문에, 개발을 이어갈 가치는 확실히 있다.

지금까지 가장 야심 찼던 시도는 프랑스에 기반을 둔, 국제적으로 자금 지원을 받은 '국제 핵융합 실험로'(ITER)다. 비슷하지만 더 작은 프로젝트 역시 한국, 영국, 미국 등지에서 민간 투자자의 지원을 받아 추진 중이다. 이런 프로젝트는 ITER과 마찬가지로 대부분 엄청나게 뜨거운 기체를 자기력으로 가두는 과정이 수반되지만, 더 강한 자기장을 활용하기 때문에 규모를 줄일 수 있다. 미국 리버모어연구소에서는 거대한 레이저 빔을 집중시켜 중수소와 삼중수소로 이뤄진 작은 캡슐을 획획 움직이게 해서 폭발시키는 대안을 개발하고 있는데, 이것은 주로 실험실 규모에서 수소폭탄 실험을 대체하려는 국방 프로젝트로 보인다. 통제된 핵융합에너지가 정치적인 치부를 가리기 위한 무화과잎이 될지도 모르는 셈이다. 최근 들어 이 실험은 방출된 열핵에너지가 레이저 발사에 사용된 전력과 거의 같아지면서 '본전치기'에 가까워진 단계다. 하지만 이 프로젝트를 수익성 있게 대규모로 확장하기는 힘들 것으로 보인다.[17]

오늘날 에너지 발전과 저장, 스마트 그리드* 분야에서

* 전력 공급자와 소비자가 실시간으로 정보를 교환해 에너지

는 진정한 돌파구가 필요하다. 그리고 기술 선진국들이 이러한 노력들을 우선시해야 할 훨씬 더 강력한 동기가 있다. 우리가 '평소에 하던 대로' 살아간다면, 미래에는 연간 이산화탄소 배출량 증가분의 대부분을 남아시아나 아프리카 국가들이 차지할지도 모른다. 이들 국가는 지금보다 더 많은 전력을 생산하지 않고는 그런대로 괜찮은 생활수준에 도달할 수 없다. 부유한 북반구 국가들과 달리 이들의 1인당 에너지 수요가 점점 증가하는 데다, 2050년까지 인구가 10억 명은 더 늘어날 것이기 때문이다(그러면 인구는 30억 명에서 40억 명으로 늘어난다).

따라서 이들 국가에서 배출되는 이산화탄소의 궤도를 수정하는 일이 매우 중요하다. 예컨대 석탄을 때는 화력발전소를 더 건설하기보다는 경제적·기술적으로 청정에너지를 향해 바로 도약해야 한다. 마치 지상 통신선을 설치하는 대신 스마트폰으로 넘어간 것처럼 말이다. 이렇게 기술 선진국들은 자국이 '탄소 중립'*을 달성하는 것보다 다른 나라를 도움으로써 전 세계 배출량을 훨씬 더 줄이도록 촉진할 수 있다.

효율을 높이는 차세대 전력망.
* 배출한 만큼 다시 흡수하도록 해서 실질적 탄소 배출량을 0으로 만드는 것.

기후 변화가 일으키는 위기는 잠재적으로 국가 안보에도 위협이 된다. 그러므로 우리가 국방에 들이는 만큼의 지속적인 노력과 국가 비상사태에 준하는 집중력으로 이 위기와 맞서 싸워야 한다. 공식적인 약속이 늦었던 미국 역시 대규모의 장기적인 안보 과제에 직면할 것이다. 세계적인 과학자이자 오바마 행정부에서 연달아 에너지부 장관을 맡았던 스티븐 추Steven와 어니스트 모니즈Ernest Moniz는 에너지 혁신을 선도할 새로운 국립 연구소를 설립하자고 주장했다(지금은 사라진 벨연구소를 비롯해 국방부가 운영하는 몇몇 연구소의 노선을 따라). 제품 중심으로 이뤄지는 산업 분야의 연구와 학술 중심으로 이뤄지는 대학의 연구 사이에서 중요한 매개체로서, 장기적으로 국가적 목표에 헌신하는 이런 연구소는 다른 기술 선진국들에도 필요하다.

혁신과 개발을 선도하는 전문 기술의 중심지로서 이러한 연구개발 시설의 최적화된 구조와 관리 방식이 무엇인지도 진지하게 논의할 필요가 있다. 그 주된 노력과 비용은 '개발 과정'에 들어갈 것이다. 그것이 꼭 대학의 역할은 아니지만 학계와의 연결고리는 중요하다. 그리고 미국이 고등연구계획국(ARPA)에 예산을 배정하는 것처럼, 자금의 일부는 비현실적이거나 공상적인 탐험을 위해 남겨둬야 한다. 하지만 얼마면 될까? 또 어떻게 해야 산업계가 뛰어들어 장기적으로 경제적 이익이 발생하도록 할 수 있을까?

청정에너지의 연구개발에 드는 공공 지출은 전체 연구개발비의 약 2퍼센트에 불과하다. 그런데 이것이 의료나 군사 분야의 지출만큼 되지 말라는 법이 있을까? 그래서 나는 2015년 파리에서 열린 유엔 기후변화회의에 앞서 주요 국가들(특히 G20 국가들)을 대상으로 한 캠페인에 동료들과 함께 참여했다. 그 결과 태양에너지와 에너지 저장, 그리드 전력망에 대한 협력 연구에 국내총생산(GDP)의 0.02퍼센트를 할애하겠다는 약속을 받아낼 수 있어 매우 기뻤다. 이것은 아주 작은 비율로 보이지만, 그래도 현재의 두 배다. 아직 충분하지는 않지만 아마도 현실 정치에서 실현 가능할 것이다. 그리고 이것은 우리의 목표 중 일부를 달성할 '혁신 임무'라는 프로젝트로 이어졌다. 화학자 데이비드 킹David King과 경제학자 닉 스턴Nick Stern 덕분이었다. 이제 기업과 금융 부문에서도 사고방식이 제대로 바뀌었기 때문에 이러한 프로젝트는 더 큰 지원과 지지를 받을 것이다.[18]

기술적으로 발전한 서구 국가들의 핵심 구호는 이제 '우리가 더 똑똑해지지 않으면 더 궁핍해질 것이다'이다. 교육에 대한 과감한 개혁(4장 참조)과 혁신적인 문화를 촉진하는 조치를 취한다면, 영국 같은 국가들은 글로벌 과제에서 자국의 몫보다 훨씬 많이 기여할 수 있을 뿐만 아니라 경제적인 이득도 바랄 수 있다.

특히 영국은 2050년까지 탄소 순배출량 0을 달성하기로 약속하는 '기후변화법'을 대담하게 통과시켰다. 사실이 목표는 벅차다. 목표를 달성하려면 석탄과 천연가스를 사용하는 기존의 발전 방식을 탈탄소화해서 친환경 방식으로 대체해야 할 뿐만 아니라, 생산되는 전기의 양을 두 배넘게 늘려야 한다. 이 추가적인 에너지는 전기 자동차나 트럭, 가정 난방뿐만 아니라, 장거리 항공(배터리가 너무 무거울 경우)에 필요한 액체 및 가스 연료(수소, 메탄, 등유)를 전기분해 방식으로 처리하고, 강철이나 시멘트를 생산하는 데 쓰인다. 여기에는 새로운 기술이 필요하다. 풍력이나 태양에너지 발전을 크게 확장하고 대규모로 에너지를 저장하는 기술이 당연히 요구된다. 또 국지적인 기후 변화를 원활하게 극복하고 태양에너지를 북쪽으로 운송하기 위해서는 대륙 횡단 송전망이 필요할 것이다. 하지만 대중이 이런 흐름을 수용하는 데 가장 장애가 되는 것은 2,200만 가구의 난방에 사용되는 보일러를 훨씬 더 비싼 열펌프로 교체해야 한다는 점이다.

만약 모든 국가가 2050년까지 순배출량 0을 달성하기로 약속하고, 더 중요하게는 그 약속을 이행한다고 기대할 수 있다면, 우리는 온난화가 1.5°C까지만 한정되기를 바라며 편하게 잠들 수 있을 것이다. 하지만 그러한 행복한 상태와는 아직 거리가 멀다. 2021년 제26차 유엔 기후변화협약 당사국 총회(COP26)에서 중국과 인도라는 '빅 플레이어'는 목표 달성을 약속하기는 했지만 예상 시기는 더 늦춰졌다. 중국은 2060년까지, 인도는 2070년까지로 약속했다. 중국은 현재 전 세계 탄소 배출량의 27퍼센트를 차지하며, 이는 미국과 유럽연합의 배출량을 합친 것보다 많다. 그리고 미국을 비롯한 다른 나라들은 여전히 약속조차 하지 않았다. 어쨌든 우리는 이 목표가 개발도상국에게는 특히 어려운 도전이라는 사실을 현실적으로 받아들여야 한다. 추가 비용을 부과할 경우 부유한 국가의 국민을 설득하는 것도 쉽지 않다. 청정에너지 개발 단계에서 비용 절감을 가능하게 하는 과학적 발전이 중요한 이유다.

일부 국가에서는 대중을 설득하는 일도 사실상 도전 과제다. 심지어 국가 지도자들도 여기에 포함된다. 기후 변화에 대한 미국 트럼프 대통령의 반응을 떠올려 보라. "지구 온난화는 미국 제조업의 경쟁력을 떨어뜨리려고 중국인들이 만들어낸 개념"이며 "돈 많이 드는 사기극"이라는 초기 주장에서는 한 발자국 물러났지만, 그 뒤에도 더 큰 목소리를 내며 효과가 큰 행동을 이어갔다. 미국 행정부는 전세계를 통틀어 수천 건에 달하는 기후 관련 연구가 우리에게 주는 경고를 부인하며, 2015년의 파리기후협약에서 탈퇴하는 절차를 밟기 시작했다. 그리고 신차에 부과되는 연비 기준을 동결하려 했으며, 탄소 배출량을 제한하는 규제를 완화시켰다. 다행히도 이러한 결정들 가운데 일부는 바이든 대통령이 취임하자마자 원래대로 되돌려놓으라고 지시한 상태다. 하지만 가짜 뉴스가 퍼져나가면 과학적 논쟁을 훨씬 뛰어넘는 결과를 낳는다. 나는 그것이 트럼프 대통령 이후로도 오래 지속될까 봐 두렵다.

우리는 코로나-19 같은 즉각적인 위협에 직면해서도 대중이 권고 조치를 쉽게 받아들이지 못한다는 사실을 알았다. 몇몇 국가에서는 목소리가 크고 심지어 폭력적이기까지 한 백신 반대론자들이 백신 접종에 훼방을 놓았다. 만약 시민들이 앞으로 수십 년 동안 자기네와 먼 나라들의 이득을 위해 여행이나 난방에 더 많은 돈을 지불해야 한다면, 백신을 수용할 가능성은 훨씬 더 낮아질 것이다. 민주주의 국가들에서는 이러한 저항이 효과적인 대응을 가로막을 수 있다.

그래서 나는 여러 공약이나 미사여구에도 불구하고, 이산화탄소 농도가 2050년대까지도 계속 증가할 가능성이 높다고 우려한다. 그러면 두 번째 안인 '플랜 B'로 나아가야 한다. 여기에는 두 가지 선택지가 있는데, 둘 다 현재 시도되지 않은 기술을 대규모로 구현해야 한다.[19] 하나는 대기에서 여분의 이산화탄소를 직접 추출해 격리시키는 것이다. 이런 방식은 별다른 부작용은 없지만 엄청나게 비싸다. 또 하나는 지구공학을 응용하는 방식으로, 예컨대 대기 상층부에 에어로졸을 주입해 지상에 도달하는 햇빛을 부분적으로 차단하는 것이다. 어떤 이들은 이 방식이 기후변화를 지연시킬 만큼 빠르게 지구를 식힐 수 있는 해결책이라 여기기도 한다. 게다가 여기에 드는 자원은 하나의 국가, 심지어 커다란 기업 한 곳이 감당할 만하다. 하지만 이것은 기껏해야 시간을 벌고 미래에 닥칠 더 나쁜 문제들을 그대로 묻어두는 일일 뿐이다. 그러한 개입이 지역 수준에서 실제로 어떤 효과를 낸다고 확신하기 전에, 전 세계의 기후에 대한 우리의 지식과 모델링은 훨씬 더 신뢰성 있고 상세해야 한다.

모든 국가가 온도 조절 장치의 눈금을 낮추기를 똑같이 바라지는 않을 것이다. 그러한 기술과 예컨대 북극 얼음의 양을 늘리기 위한 조치 같은 선택지들은 국가 간 소송의 새로운 구실이 될 것이다. 그 과정에서 변호사들만 이득을 본다. 물론 몇몇 과학자들은 이 프로젝트들이 매력적이라고 생각할지도 모른다. 그런 만큼 이것은 정치인들이나 대중이 거대한 프로젝트에 제동을 걸어야 할지도 모르는 사례다. 이 프로젝트들은 1950년대 물리학자 에드워드 텔러 Edward Teller의 제안과도 유사한 측면이 있다. 그는 운하 건설 같은 대규모 토목에 핵폭탄을 '평화적으로' 활용할 수 있다는 주장을 폈다.

간단히 말하면 탄소 배출량 0인 세계로 완전히 전환시키는 기술은 이미 존재하거나 그럴듯하게 개발될 수 있다. 하지만 우리의 정치적·경제적 현실은 플랜 A나 플랜 B 중 하나를 망칠 가능성이 높다. 사실상 이번 세기 중반 이후 각 나라의 운명은 그들이 닥친 상황에 얼마나 잘 적응할 수 있는지에 달려 있을 것이다. 해수면 상승에 가장 취약한 지역이거나 이미 덥기로 손에 꼽히는 지역은 특히 더 힘들다.

나는 기후 문제의 최일선에 대한 내 우울한 예측이 틀렸다고 증명되기를 바라며, 한 과학자가 보여준 특별한 예지력으로 이 단락을 마무리하려 한다. 1923년 케임브리지 대학교에서 생물학자 존 버든 샌더슨 홀데인 J. B. S. Haldane이 했던 '다이달로스 또는 과학과 미래'[20]라는 제목의 강연에서 발췌한 내용이다. 홀데인은 400년 앞을 내다보며 이 강연을 했는데, 이것은 그가 앞으로 기술적 변화가 느릴 것이라 예상했기 때문이 아니다(실제로 그의 다른 강연 내용은 플라스크에서 인간 배아를 기르는 연구를 다루며 무척 미래지향적이다). 그는 기후가 잠재적으로 어떻게 변화할지 알지 못했던 데다,

화석연료가 고갈될 때 무슨 일이 일어날지에 대해서만 염려했기 때문이었다.

개인적으로 나는 400년이 지나면 영국의 전력 문제가 다음과 같이 어느 정도 해결될 수 있다고 생각한다. 이 나라는 전기 모터를 작동하는 금속 풍차로 뒤덮여 연달아 거대한 전력의 본선에 매우 높은 전압으로 전류를 공급할 것이다. 그리고 적당히 떨어진 거리에는, 바람이 부는 동안 물을 산소와 수소로 전기분해하는 데 여분의 전력을 사용하는 거대한 발전소가 있을 것이다. 이 기체들은 액화되어 진공으로 둘러싸인, 아마도 땅속에 파묻힌 거대한 저장소에 저장될 것이다. 이런 저장소가 충분히 크다면 열 내부 누출에 따른 액체 손실량은 크지 않다. 따라서 매일 약 18미터 깊이에 가로 세로 약 91미터의 저장소에서 물이 증발하는 비율은, 각 방향으로 60센티미터 크기의 탱크에서 증발해 손실되는 비율과 비교할 때 1,000분의 1 미만이다. 평온한 시기에 기체는 전기에너지를 한 번 더 생성하는 발전기를 작동시키는 폭발 모터에서 재결합된다. 아니면 산화 전지에서 더 재결합할 수도 있다. 액체 수소는 휘발유에 비해 파운드당 약 3배 더 많은 열을 제공하기 때문에, 질량 백분율로 봤을 때 에너지를 저장하는 가장 효율적인 방법으로 알려져 있다. 하지만 매우 가볍기에 부피 백분율로는 휘발유에 비해 효율이 3분의 1밖에 되지 않는다. 그래도 이런 점 때문에 항공기의 사용량이 줄어들지는 않을 텐데, 항공기의 경우 연료의 부피보다 무게가 더 중요하기 때문이다. 이러한 거대한 액화가스 저장소는 풍력에너지를 저장해 원하는 만큼 산업, 운송, 난방, 조명에 사용하도록 한다. 초기 비용은 매우 클 테지만 운영비는 현재의 시스템에 비해 적다. 이것의 더 분명한 장점 중 하나는, 한 지역의 에너지가 다른 지역만큼 저렴해지며 그에 따라 산업이 크게 분산된다는 것이다. 여기에 더해 연기나 재도 생성되지 않는다.

셋, 생명공학

희망과 두려움, 그리고
윤리적 난제

우리는 코로나-19 팬데믹 기간 동안 백신을 개발하고 대량 생산하기 위해 전 세계적인 노력을 기울이는 일이 얼마나 중요한지 알게 되었다. 그에 따라 우리의 회복력은 향상되었다.

좀 더 일반적으로 얘기하자면, 생물의학의 발전은 인류의 보건과 건강을 크게 향상시켰고, 가장 가난한 나라를 포함한 모든 나라에서 국민의 수명을 연장시켰다. 지난 25년 동안 사람들의 평균 수명은 7년 증가했다. 이것은 단순히 목숨만 부지하는 것 이상이다. 인생을 즐길 수 있는 건강한 시간이 늘어났다. 미래에 인류에게 미칠 이득은 그보다 더 클 것이다. 사랑하는 사람을 암이나 심부전, 퇴행성 질환으로 잃어본 사람이라면 누구나 그들의 활동적인 삶이 때이르게 막을 내리지 않도록, 생물의학의 발전이라는 이 헤아릴 수 없는 멋진 선물에 감사할 것이다. 이런 선물이 인류의 수만큼 수십억 배가 된다고 생각하면, 질병과의 전쟁에서 의학의 발전이 우리에게 주는 혜택이 어느 정도인지 짐작할 수 있을 것이다.

하지만 이러한 진보는 동시에 취약성과 윤리적 딜레마를 야기한다. 무엇보다 분명한 사실은 그 혜택이 한 국가 안에서, 나아가 부유한 국가들과 가난한 남반구 국가들 사이에서 균등하지 않다는 점이다. 이 불평등을 줄이는 일은 분명 필수적이다. 하지만 안타깝게도 많은 국가가 잘못된 방향으로 흘러가는 추세다. 감염성 질병보다는 '부자들이 걸리는 질병'에 지나치게 중점을 두고 있기 때문이다. 의학이 우리에게 해줄 수 있는 것과 실제로 신중하게 윤리적으로 할 수 있는 것 사이의 격차가 변화하거나 넓어지고, 그래서 많은 경우에 우리는 대처하기 어려워질 것이다.

코로나-19 사태를 겪는 동안 바이오 의약품에 대한 우려가 커지기는 했지만, 이것이 이번만의 일은 아니다. 의학의 역사를 되짚어보면 사람들은 백신 접종이나 수혈, 인공 수정, 장기 이식, 시험관 수정을 비롯해 자연을 거스르는 것처럼 보이는 여러 혁신에 움츠러들었다. 오늘날에도 이런 반응이 예외가 되지 않는다는 점은, 새로운 것에 대한 신중한 반응이 꼭 윤리적으로 믿을 만한 지침은 아니라는 사실을 상기시킨다. 이렇듯 여전히 논란이 되고 있는 최근의 기술로는 줄기세포 연구와 미토콘드리아 이식(이른바 '부모가 셋인 아기[*]를 만드는)이 있다.

DNA 염기서열 분석에 드는 비용도 급격히 떨어지는 추세다. 2003년에 최초로 완성된 인간 게놈 해독은 30억 달러의 예산이 투입된 국제적인 프로젝트였다. 그야말로 '거대과학'의 사례다. 하지만 그 비용은 이제 1,000달러 이하로 떨어졌으며, 곧 누구든 게놈 서열 분석을 일상적으로 받게 될 것이다. 동시에 유전자는 물론이고 심지어 간단한 게놈을 처음부터 합성하는 일도 가능해졌다.

하지만 대부분 사람들은 해로운 것을 제거하는 개입과 이미 가지고 있는 것을 향상시키는 개입을 구별한다. 전자는 환영하지만 후자는 두려워한다. 이 차이가 도덕적으로 중요하든 아니든(또는 의미가 있든 그렇지 않든), 인류의 유전자가 실제로 향상될 전망은 요원할 것이다. 어쩌면 다행스럽게 생각할지 모르겠지만 말이다. 헌팅턴병을 비롯한 몇 가지 유전 질환은 크리스퍼 유전자가위(CRISPR-Cas9) 기술로 자를 수 있는 하나의 유전자에 의해 일어난다.[21] 하지만 조현병이나 알츠하이머, 암에 걸릴 가능성이 높아지는 질

---

[*] 　어머니의 결함 있는 미토콘드리아를 다른 여성의 난자에서 채취한 건강한 미토콘드리아로 대체해 세 사람의 DNA를 지닌 아기가 태어나게 하는 기술.

병 민감성은 수백, 수천 개나 되는 유전자들이 이뤄낸 결과다. 이런 유전자 각각은 어떤 사람이 병에 걸릴 확률을 아주 조금씩 비틀어 바꾼다. 키, 지능, 성격 같은 사람의 특성이나 재능 같은 경우에는 더더욱 그렇다. 따라서 수백만 명의 DNA와 특성 프로파일을 손에 넣고 활용할 수 있을 때 비로소 (인공지능의 도움을 받는 패턴 인식 시스템을 사용해서) 바람직한 유전자 조합을 발견할 수 있을 것이다. 이렇게 할 수 있기 전까지는 '맞춤형 아기'는 가능하지 않고, 태어날 수 없다.

　이야기는 여기서 그치지 않는다. 1990년대에 수많은 논평가들은, 부유한 부모가 아직 태어나지 않은 아이에게 좋은 지능을 주는 유전자 하나를 삽입하는 날이 올까 봐 걱정했다. 하지만 지금은 이 시나리오를 바꿔야 할 것 같다. 그러려면 유전자를 하나가 아니라 수천 개는 삽입해야 할 테니 말이다. 게다가 삽입된 각각의 유전자가 정신적 능력을 아주 조금 향상시킬 수는 있을지라도, 하나의 유전자가 하나의 효과만 가진 건 아니기 때문에 예컨대 뇌종양이나 뇌전증이 생길 가능성을 부분적으로 높일 수 있다. 더구나 유전자의 영향을 가장 많이 받는 질병이라 해도 예측할 수 없는 여러 비유전적 변이를 보인다. 유전자가 같은 일란성 쌍둥이가 인생과 건강의 측면에서 다양한 궤적을 가질 수 있듯이 말이다.

　게다가 사람들이 위와 같은 유전자 개입을 느슨하게 용인한다 해도, 진전된 유전학이 우리를 어디로 데려갈지에 대한 진짜 우려가 남아 있다(실제로 이 문제는 20세기 전반의 우생학 운동을 상기시키기 때문에, 오늘날 이에 대해 논의하는 일조차 광범위하게 꺼려질 정도다). 하지만 우리는 '인간 증강'에 대해서는 확실히 더 걱정해야 한다. 그것이 특히 부유한 엘리트에게만 기회인 데다 더 근본적인 불평등을 일으키기 때문이다.

　예컨대 노화 연구가 그런 우려를 드러낸다. 우리는 인간의 수명을 연장하는 것을 목표로 연구를 해나갈 명백한 동기가 있다. 이 문제를 다루는 알토스연구소가 미국 캘리포니아(샌프란시스코 베이와 샌디에이고)와 영국 케임브리지에 설립되었으며, 몇몇 미국 억만장자들의 자금 지원을 받았다. 이들은 젊었을 때는 부자가 되기를 열망했다가 부자가 되고 나서는 다시 젊어지고 싶어 한다. 그 혜택은 미미하고 점진적일까? 아니면 노화는 억제할 수 있거나 심지어 박멸할 수 있는 질환의 하나일 뿐인가? 극적인 수명 연장이 가능하다는 사실이 증명된다면, 처음에는 운 좋은 소수의 특권이 될 것이다. 하지만 그것이 널리 퍼진다면 엄청난 사회적 영향(몇 세대가 함께 사는 대가족이나 인생 후반부의 갱년기 등에 미치는 영향)과 함께 인구를 예측하는 과정에서 진정한 와일드

카드가 될 게 분명하다.

치료와 향상을 구별하는 것 말고도 많은 사람들은 개인의 신체 조직에만 효과가 제한되는 유전자 조작과, 난자나 정자에 도달해서 자손에게 전달되는 유전자 조작 사이에 선을 긋는다. 이런 조작들은 마치 소설《멋진 신세계》에나 나올 법한 느낌이 든다. 실제로 우리가 위험을 무릅쓰고 순수한 생식세포 계열(난자와 정자 세포)만을 바꿔놓는다는 개념은 사실상 소설에 가깝다. 모든 부모는 아이들에게 수십 개의 새로운 돌연변이를 물려주며, 연구 결과에 따르면 나이 든 부모의 경우에 이 숫자는 더 증가한다. 완벽한 인간 배아줄기세포에 대한 가장 큰 위협은 유전자 편집 기술이 아니라 중년에 접어든 새로운 아버지들이다.

다른 종의 생식세포를 조작하는 작업은 우리의 윤리적 직관에 대해 숙고하도록 과제를 던진다. 예를 들어 브라질의 몇몇 곳을 비롯해 일부 지역에서는, 지카 바이러스나 뎅기열 바이러스를 퍼뜨리는 모기 종을 불임이 되게 해서 그 수를 감소시키거나 아예 없애려는 시도가 있었다. 그 결과 해당 지역에서 이 종의 개체수가 90퍼센트 줄었다고 기록되었다. 이런 식으로 '마치 신이 된 듯한' 행동을 하는 것이 나쁜 일일까? 곰쥐 같은 침입종을 제거해 갈라파고스 제도의 독특한 생태를 보존하는 유사한 기술도 제안되고 있는 실정이다.

관련 기술이 계속 발전한다면 인간의 두뇌와 신체를 유전자나 사이보그 변형을 통해 '향상'시킬 수 있으리라는 현실적인 장기 전망이 생길 것이다. 게다가 이런 미래의 진화, 심지어 새로운 종으로 이어지는 일종의 세속적인 '지적 설계'는 다윈식 진화에 수천 세기가 걸리는 것과는 대조적으로 몇 세기밖에 걸리지 않을지도 모른다.

생물의학이 발전함에 따라 우리가 직면하게 될 윤리적 도전은 유전자 조작뿐만이 아니다. 삶의 시작과 끄트머리에 놓인 사람들을 다루거나 치료하는 데서도 심각한 딜레마에 직면할 것이다. 사람들은 누구나 더 건강하게 살아가기를 열망하지만, 대부분은 고통 속에서 또는 심각한 장애나 치매를 얻은 채 살아갈 가능성을 두려워한다. 오늘날 '조력 사망' 또는 '자발적 안락사'가 몇몇 유럽 국가와 미국의 주에서 (안전장치와 함께) 합법화된 상태다. 영국에서는 여론의 80퍼센트가 이 합법화에 찬성한다. 의학 전문가들의 의견도 합법화를 수용하는 방향으로 기울고 있으며, 이제는 찬반이 반반으로 균형 있게 갈린 것처럼 보인다. 심지어 가톨릭 대주교들의 견해도 찬반의 양쪽 끄트머리로 나뉘었다. 마찬가지로 미숙아를 치료하는 것 또한 기적에 가까워 보일 수 있지만, 어쩌면 결코 건강해지지 못할 아이들을 구해내서 윤리적인 지뢰밭을 만드는 일일 수도 있다. 이러한 사안들은 과학자들이 '전문가'로서 특별한 관심을 기울여야 할 문제와, 그들이 '시민'의 자격으로 윤리적으로 다뤄야 할 문제 사이에서 모호한 경계에 놓여 있다.

코로나-19라는 최종 보스 악당을 비롯한 바이러스에 대한 연구도 자극적이고 시의적절한 딜레마를 제기한다. 2011년 네덜란드의 에라스무스대학교와 미국 위스콘신대학교의 연구자들은 H5N1 인플루엔자 바이러스의 치명도와 전염성을 동시에 높이는 일이 놀랄 만큼 쉽다는 것을 보여주었다. 바이러스의 악마적인 재능 두 가지 중 하나를 희생시키는 일반적인 진화의 동역학(숙주를 죽일 만큼 치명도가 높은 바이러스는 자기 자신을 퍼뜨릴 수 없기에 전염성이 낮다)을 거스르는 것이었다. 이러한 파우스트식 '기능 획득' 실험은 자연 돌연변이보다 고작 한발 정도 앞서간다는 이유로 정당화되긴 했지만, 악의적인 의도로 사용될 수도 있었다. 그래서 미국 연방정부는 2014년에 이런 실험을 금지했지만, 다소 불분명해 보이는 이유로 3년 뒤에는 다시 완화했다.[22]

비록 그 분야 전문가는 아니지만 나는 2003년에 이러한 생물학적 위험에 대한 글을 처음으로 쓴 적이 있다. 그리고 더 나은 정보와 지식을 가진 몇몇 동료들은 재앙이 일어날 가능성을 나보다 훨씬 높게 점쳤다. 나는 장기적인 내기 웹사이트인 '롱 베츠'[23]에서, "생물학 테러나 오류로 인한 단일 사건으로 최소한 2020년 12월 31일부터 6개월 동안 100만 명의 사상자가 나올 것"이라고 장담했다. 물론 인간적으로 나는 이 내기에서 지기를 간절히 바랐다. 그래서 2017년에 심리학자 스티븐 핑커Steven Pinker가 400달러의 내깃돈을 걸고 나를 이겼을 때도 놀라지는 않았다(이 돈은 자선단체에 기부되었다).[24] 핑커는 폭력, 빈곤, 문맹, 질병이 역사적으로 감소한다는 내용의 책을 두 권 저술했던 사람이다. 여기서 핑커는 이러한 긍정적인 경향성에 대한 확실한 데이터를, 매일 발생하는 최악의 사건에 대한 논평가들의 우울한 관점과 대조했다. 핑커가 보기에 그들의 관점은 비무작위적*인 표본에 의해 편향되어 있었지만, 이런 사건들은 뉴스 미디어를 지배하는 경향이 있었다.

나는 긍정적인 추세가 현실적이기는 하지만 우리에게 과도한 자신감을 주어 둔감하게 만들 수 있다고 맞받아쳤다. 금융권 투자자들은 몇 년간 점진적으로 쌓은 수익이 갑작스러운 손실로 사라질 수 있다는 사실을 너무나 잘 안다. 생명공학이나 팬데믹의 경우에도 (사이버 위협이나 소행성

---

* 무작위적인 확률이 아니라 그 밖의 다른 요인들에 기반한 표본 추출 방식으로, 연구자가 배정 규칙을 사전에 알게 되어 편향이 생길 수 있다.

의 위협과 마찬가지로) 드물지만 극단적인 사건이 전체 위험도를 좌지우지한다. 게다가 과학이 우리에게 점점 더 많은 권한을 주고 세계가 점점 더 상호 연결되면서, 최악의 잠재적 재앙이 미치는 규모는 전례 없이 커졌다.

핑커는 전쟁이나 팬데믹 같은 많은 위험 요소들이 '꼬리가 두툼한' 분포에 속한다는 데 동의했다. 재앙을 일으키는 사건은 드물게 일어나지만 엄청나게 드물지는 않다. 하지만 롱 베츠 웹사이트의 논평에서 핑커는 이렇게 대담하게 말했다. "자유 시장의 도덕적인 힘은 가능성과 확률을 왜곡한다. 그 결과 비관주의자들은 진지하고 책임감 있으며 낙관주의자들은 안일하고 순진한 것처럼 보인다."

코로나-19는 내가 내기를 걸었던 임계 사건에 비해 훨씬 더 파괴력이 컸다. 핑커와 나는 둘 다 전염병이란 언제나 존재하는 위협이며, 혼잡해진 생활과 비행기 여행 때문에 그 위협이 늘고 있다는 사실에 동의한다. 또한 1년도 되지 않아 백신을 개발했다는 것은 확실히 인류의 가장 큰 과학적 성과 가운데 하나다(40년이 지나도 인체면역결핍바이러스 HIV에 대한 백신이 나오지 않았다는 사실을 기억하라). 코로나-19는 분명히 우리가 미래에 닥칠 자연적인 전염병에 더 잘 대비하도록 촉구하는 경종일 것이다.

하지만 나는 위의 내기에서는 이런 자연적인 유행병

을 배제했다. 내가 예상했던 것은 '생물학 테러나 오류'로 벌어지는 사건이었다. 그런데 코로나-19가 자연적으로 발생한 대유행 전염병이라는 건 사실일까? 2021년 새해 첫주에 내기 마감 기한이 닥치자 나와 핑커는 코로나-19를 어떻게 간주해야 할지를 이메일로 상의했다. 우리의 합의는 즉각 이뤄졌다. 비록 이 질병이 인수공통 감염병, 다시 말해 동물에서 사람으로 전파되며 어쩌면 중간 매개 숙주가 있을지도 모른다는 사실이 합의되었지만(그러면 핑커가 내기에서 이기는 셈이다), 우리는 중국의 우한 바이러스연구소에서 코로나 바이러스가 유출되었을 가능성 역시 배제할 수 없다는 데에도 동의했다. 그래서 과학적 증거가 더 명확해질 때까지 이 내기의 결론을 보류하기로 했다.

그리고 그건 잘한 일이었다. 그 후 실험실에서 바이러스가 유출되었다는 설이 어느 정도 관심을 모았다. 베테랑 과학 저널리스트 니콜라스 웨이드Nicholas Wade는 《원자력 과학자 회보》에 이 사건을 고발했다.[25] 웨이드에 따르면, 중국 우한 연구소는 '기능 획득' 연구를 수행하고 있었다. 사스-Cov-2도 이런 인공적인 기능 획득의 징후를 지니고 있었다. 2019년 가을에 연구소 소속 실험실 근로자 세 명이 원인 불명의 병에 걸렸고, 이것이 인수공통 감염병이라면 발견되어야 할 전파의 원천도 확인되지 않았다. 물론 여전히 대부분의 전문가는 코로나-19의 기원이 인수공통 감염병일 가능성이 더 높다고 생각하지만, 오늘날 아무리 열린 마음을 가진 과학자라 해도 이 사건이 해결되었다고 장담할 수는 없을 것이다. 미국의 감염병 책임자인 알레르기전염병연구소 소장 앤서니 파우치Anthony Fauci는 우한 연구소가 수년간 기능 획득 실험을 해왔다고 주장하면서, 은폐를 의심하는 사람들과 동조했다(그들은 그래서 우한의 과학자들에게 더 많은 정보 공개를 요구했다). 그러자 미국 바이든 대통령은 정보 당국자들에게 이에 대해 보고할 것을 요구했고, 이 보고에서도 '유출 시나리오'는 배제되지 않았다.

현실적으로 과학적 불확실성과 중국 당국의 의도적인 불투명성을 고려할 때, 우리의 내기는 결론이 나지 않을 수도 있다. 이것은 실망스러울 테지만(물론 과학이나 공중보건 분야의 좌절에 비할 바는 아니다) 약간의 위안이 없는 것은 아니다. 법률학자 스티븐 카터Stephen Carter가 언급했듯이,[26] 실험실에서 유출이 일어났다는 증거가 발견되어 "지난 1년 반 동안 전 세계 대부분을 꼼짝 못 하게 했던 형태 없는 두려움에 마침내 타깃이 주어지면 분노가 응집할 수 있다." 그뿐만 아니라 사람들을 과학에 등 돌리게 하고, 강력하고 광범위한 규제를 초래함으로써 병이나 사망, 장애와 맞서 싸우는 진전을 늦출 수도 있다. 하지만 코로나-19의 발원지가 어디든, 앞으로는 연구소에서 유출될 가능성을 배제할 수 없다(2007년 영국의 서리 퍼브라이트 연구실 유출 사고로 구제역이 심각하게 유행했다는 사실을 떠올려 보자). 치명적인 병원체를 연구하는 전 세계 '레벨4' 실험실에 대한 보안 강화와 독립적인 모니터링이 필요한 경우가 분명히 있다.

하지만 앞으로 사고가 아니라 의도적으로 병원체를 유출하는 일도 가능하지 않을까? 확실히 정부나 심지어 특정 목표를 가진 테러 단체들조차도 병원체가 어디로, 얼마나 멀리 퍼질 수 있는지 예측할 수 없기 때문에, 생물 무기를 방출하는 것은 항상 금지될 것이다. 진짜 악몽은 생물학 전문지식을 가진 정신 나간 외톨이가 일을 저지를 때다. 이런 사람들은 지구상에 인구가 너무 많다고 여기며 누가 얼마나 감염되는지 신경 쓰지 않는다. 궁극적인 생물 무기는 높은 치사율과 감기 정도의(또는 코로나-19 오미크론 변종 정도의) 전파력, 긴 무증상 기간이 합쳐져 대응 조치를 취하기도 전에 사람들 사이에 대규모로 확산될 것이다.

이 최악의 시나리오가 닥칠 가능성은 분명 그렇게 크지 않다. 현실 세계에서는 한 사람의 사악한 천재가 기술적인 업적을 달성하는 경우가 거의 없으며, 과정이 복잡하게 꼬이다 보면 정부 기관의 감시로 미연에 방지되거나 개인의 무능, 사고에 의해 엇나가곤 한다. 하지만 결과가 전 세계적으로 확산된다면 이런 일이 단 한 번만 일어나도 곤란하다.

이제 재조합 DNA 연구 초기인 1975년으로 거슬러 올라가자. 당시 세계적인 분자생물학자들은 미국 캘리포니아의 아실로마에서 만나, 과학자들이 어떤 종류의 실험을 해서는 안 되는지에 대한 지침을 만들었다. 이것은 고무적인 선례였다. 이후 최신 생명공학에 대해 적극적으로 주의를 기울여 논의하기 위해 국립 아카데미, 저널 편집자, 정부 관료들이 주최하는 유사한 회의가 뒤따랐다. 하지만 첫 번째 아실로마 회의 이후로 거의 50년이 지난 오늘날, 연구자들은 더 이상 유럽과 북아메리카에 집중된 작은 학술 공동체에만 소속되어 있지 않다. 전문지식은 엄청나게 확장되었고, 전 세계에 걸쳐 생산된다. 게다가 많은 연구가 학계에서 공개적으로 행해지기보다는 상업적인 기업에서 이루어진다. 그에 따라 위험은 훨씬 더 커 보인다. 그래서 오늘날 생명공학에 대한 규제는 더 필요하다. 그리고 그 규제는 세계보건기구 같은 단체나 전문가 집단, 학회의 조언을 받아 일치된 보편적인 방식으로 시행되는 게 좋다.

하지만 나는 어떤 규제가 부과되든, 전 세계적으로 효과적으로 집행하기 힘들다는 심각한 우려가 있다고 생각한다. 이런 규제가 마약법이나 세법보다 더 효과적으로 전 세계에서 시행될 수 있을까? 그게 무엇이든 가능한 일이라면, 누군가 어딘가에서 할 수 있다. 그게 바로 악몽이다. 핵무기를 만들기 위해서는 정교하고 눈에 띄는 특수 목적의 장비가 필요하기 때문에 국제 사찰단이 감시할 수 있지만, 생명공학은 소규모로 접근성이 높은 이중 용도의 기술을 포함한다. 여기에 필요한 전문지식을 습득한 사람들도 점점 늘어날 것이다. 실제로 생명공학을 주제로 실험하는 '바이오해킹'은 하나의 취미이자 경쟁적인 게임으로 급성장하고 있다. 게다가 위험한 병원체를 연구하고 수정하는 실험실이 전 세계적으로 수백 곳에 이른다.

이런 기술적인 전문지식을 가진 사람들이 모두 균형 이룬 사고를 하고 이성적일 것이라 여긴다면 말도 안 되는 기대일 것이다. 전문지식은 광신주의와 결합할 수 있다. 오늘날 우리에게 익숙한 근본주의의 여러 유형뿐만 아니라 뉴에이지나 음모론 신봉자, 이 행성에 인간이 지나치게 많다고 여기는 극단적인 환경보호론자들도 여기에 포함된다. 게다가 컴퓨터 바이러스를 퍼뜨리는 범인들, 다시 말해 방화범 같은 사고방식을 가진 사람들이 존재할 것이다. 지구촌에는 마을마다 한심하고 멍청한 바보들이 있다. 개인에게 커다란 권한이 부여되어 한 사람의 악의적이거나 어리석은 행동이 엄청난 파급력을 가져올 수 있는 미래에, 우리의 개방된 사회는 어떻게 보호받을 수 있을까? 생명공학이나 사이버 기술 분야에서 기술에 밝은 집단에(심지어 개인에게도) 부여된 권한이 늘어나면서 각국 정부는 난관에 부딪힐 것이고, 우리가 소중히 여기는 세 가지 가치인 자유·사생활·보안 사이의 긴장감도 증폭되리라 예상된다. 그리고 그 긴장은 미국과 중국에서 매우 다른 방식으로 균형을 유지할 것이다.

전 세계가 코로나-19에 대한 준비가 부족했지만 이 팬데믹은 결국 시작되고 말았다. 더 넓은 관점에서 말하면, 세계는 급성장하는 생명공학의 지적·도덕적·실용적인 도전에 준비되어 있지 않다. 이러한 과제를 해결하려면 인류의 번영에 따르는 엄청난 잠재적인 혜택과, 인류의 안전에 대한 엄청난 잠재적인 위협을 둘 다 인지하는 명확한 사고와 잘 짜인 정책이 필요하다. 이 분야에서는 윤리와 신중함을 요구하는 규제가 거의 불가능할 수도 있는 상황이다. 그리고 나는 로봇공학과 인공지능이라는 또 다른 혁신적인 기술 역시 이와 같을까 봐 두렵다.

넷,   컴퓨터·로봇·인공지능

특이점이
올 것인가

구글/알파벳 사가 소유한 회사 '딥마인드'의 컴퓨터과학자들이 프로그래밍한 '알파고 제로'는 바둑과 체스에서 인간 챔피언들을 누르고 이긴 것으로 유명하다. 알파고 제로에는 규칙들만 주어졌으며, 여러 시간에 걸쳐 자기 자신과 경기를 벌이며 '훈련'을 받았다. 이것은 기계의 작업 범위가 확장되어 우리 인류 중 가장 똑똑한 사람들을 능가할 수 있다는 의미다.

인공지능은 빠르게 변화하는 복잡한 연결망(트래픽의 흐름이나 전력망)을 갖고 있으며 방대한 데이터 세트를 처리할 수 있어서 사람보다 문제에 대처하는 능력이 뛰어나다. 중국인들은 마르크스나 스탈린이 단지 꿈만 꾸었던 효율적인 계획경제를 실현시켰는데, 이 체제는 과학에도 도움이 된다. 예컨대 인력 없이도 단백질 분자의 구조를 규명하는 데 노력을 가속화하고 사람을 능가할 수 있다. 어쩌면 10차원 기하학을 완전히 익혀 내 전공인 천문학 분야의 가장 큰 수수께끼를 해결할지도 모른다('끈 이론'이 정말로 우리의 우주에 대해 기술할 수 있는지를 알아내는 문제다).

머신러닝과 인공지능의 사회적 영향은 이미 뒤섞이고 있다. 시스템과 네트워크는 우리 생활에 더욱 깊숙이 파고들어 널리 퍼지게 될 것이다. 우리의 모든 움직임, 건강, 금융 거래의 기록이 국경을 넘나들며 '클라우드'에 들어간다. 또 우리의 노동이 어떤 식으로 변화하기 시작할지는 몇몇 경제학자나 사회과학자들이 훌륭한 저서를 통해 잘 정리했다.[27] 대체 가능성이 가장 높은 노동자는 콜센터나 창고에서 지루한 일을 하는 사람들이다. 이들이 만약 '인간'이라는 자격 조건을 우대하는 대체 직업(예컨대 환자들을 위한 간병인처럼)을 찾을 수만 있다면, 이러한 전환은 서로 윈-윈이 될 것이다. 하지만 그러려면 기업에 세금을 부과해서 지금보다 더 많은 간병인 지원 기금을 가설해야 한다. 간병인들은 오늘날 시장(또는 긴축과 감세를 하려는 정부)이 제공하는 것보다 더 큰 안전성과 지위를 누릴 자격이 있다.

기계는 데이터 세트를 빠르게 흡수해서 훈련된다. 그러면서 데이터에 내재한 편견도 그대로 모방한다. 구직자 가운데 최종 후보자 명단을 작성하는 과정에 인공지능이 배치되는 것이 우려를 사는 이유다. 더 섬뜩한 것은, 일부 회사들이 얼굴 인식 소프트웨어를 사용해 지원자의 영상을 분석하고 그들의 표정에서 감정과 성격을 추론하려 했다는 점이다. 우리는 구직에서 거부당하거나, 징역형을 선고받거나, 수술을 권유받거나, 은행에서 신용카드 발급을 거부당한다면 그 이유에 대해 이의를 제기할 기회가 있다. 그런데 만약 그러한 결정이 알고리즘에 위임된다면 불안을 느낄 것이다. 설령 기계가 인간에 비해 평균적으로 더 나은 결정을 내린다는 증거가 주어진다 해도 말이다. (물론 우리는 기계의 판단이 때로는 인간보다 더 일관적일 수 있다는 사실을 받아들여야 한다. 일부 판사들이 평균적으로 점심시간 전과 후에 범죄자들에게 내리는 선고가 달라졌다는 주장이 있다!)[28]

인공지능이 연구 단계에서 이제 글로벌 기업의 잠재적인 돈벌이 단계로 이행하면서 이미 윤리적 긴장과 갈등이 나타나고 있다. 예컨대 구글/알파벳이 딥마인드를 인수했을 때, 영국 국민보건서비스(NHS)가 보유한 의료 데이터의 개인정보 보호 문제를 해결하고자 설립된 윤리위원회는 해체되고 말았다.

물론 컴퓨터의 속도 덕분에, 대규모의 '훈련 세트'가 주어지면 그것을 처리하는 방법을 빠르게 학습할 수는 있다. 하지만 인간의 행동에 대해 배워나가는 과정, 다시 말해 '상식'을 얻는 과정은 쉽지 않을 것이다. 그러려면 집이나 직장에서 실제 사람들을 관찰하는 일이 필요하다. 그러나 기계는 실제 사람들이 살아가는 느린 삶 속에서 '감각적으로' 결핍될 것이다. 나무가 자라는 과정을 우리가 지켜볼 때처럼 말이다. 물론 로봇이 실제 세계와 더 민감하게 상호작용할 수 있도록 하는 센서 기술은 빠르게 발전하고 있다. 예컨대 보스턴 다이내믹스 사는 장애물 코스를 통과하거나 체조를 할 수 있는 로봇 아틀라스(ATLAS)를 개발했다. 천재 체조선수 시몬 바일스의 수준까지는 아니더라도 보통 사람들보다는 뛰어난 실력을 가졌다.

하지만 앞으로는 문제가 생길 수도 있다. 철학자 닉 보스트롬Nick Bostrom[29]과 물리학자 맥스 테그마크Max Tegmark[30]는 인공지능이 '상자에서 벗어난', 미래의 어두운 측면을 그린 책을 각각 저술했다. 이 책들에서 인공지능은 사물인터넷이나 글로벌 금융 시스템에 침투하고, 인류의 이해관계와 어긋나는 목표를 추구하며, 심지어 인간을 장애물로 취급한다. 일부 인공지능 전문가들은 이것을 심각하게 받아들인다. 그래서 생명공학 분야와 마찬가지로 이 분야에서도 '책임감 있는 혁신'이 이뤄지도록 보장하는 지침이 필요하다고 여긴다. 하지만 산업용 로봇인 박스터 로봇의 발명자 로드니 브룩스Rodney Brooks를 비롯한 전문가들은 이러한 우려를 시기상조로 여기며, 인공지능이 우둔함에서 벗어나 우리에게 실제로 걱정을 끼치기까지는 오랜 시간이 걸릴 것이라고 생각한다.

　자동 로봇이 영원히 '멍청한 하인'으로 남을 것인지, 아니면 언젠가 인간을 뛰어넘는 능력을 보여줄 것인지에 대해 전문가들의 의견이 엇갈리고는 있지만(고장이나 버그를 걱정하든, 인간을 능가하는 걸 걱정하든), 우리 사회는 로봇에 의해 변화를 겪을 가능성이 높다. 인공지능이 얼마나 빠르게 발전할 것인지에 대한 예측은 무척 다양하다. 폭주하듯이 발전할 것이라 예상하는 사람부터 30년 안에 '특이점'(기술의 진보가 우리 손에서 빠져나와 돌이키거나 멈출 수 없는 단계)에 이르게 될 것이라 생각하는 사람들도 있지만, 이런 일이 실제로 벌어질 것인지 의심하는 사람들도 있다. 한편으로 우리는 기술이 탈선을 겪을 가능성도 염두에 둬야 한다.

　기술 발전의 속도와 사람들이 그것을 얼마나 빨리 수용할 것인지 예측하기란 기술의 방향을 예견하는 것보다도 항상 어렵다. 가끔은 기하급수적인 발전이 일어난다. 지난 20년 동안 정보통신 기술과 스마트폰이 전 세계로 퍼진 것이 그런 예다. 하지만 장기적으로 보면 어떤 분야든, 발전 단계에서는 가파르게 상승하다가 이후 수평을 이루는 그래프로 잘 설명된다. 근본적인 장벽에 부딪히거나, 대부분은 매력적인 경쟁 기술의 혁신 탓에 인센티브나 수요가 줄어들기 때문이다. 여기 항공우주 분야의 두 가지 역사적 사례가 있다.

1919년 존 윌리엄 앨콕 경과 아서 위튼 브라운 중위가 세계 최초로 대서양을 횡단 비행한 이후로, 최초의 점보 제트기인 보잉 747기가 상업 비행을 하기까지 50년이 걸렸다. 하지만 그로부터 50년이 지난 지금도 우리는 점보제트기를 운용하고 있다. 그 반세기 동안 초음속 여객기인 콩코드기가 개발되었다가 사라졌다! 초음속 상업 비행이 다시 시작된다 해도 2030년대나 되어야 가능할 것이다. 두 번째 예는 세계 최초의 인공위성 스푸트니크 1호(1957년)와 아폴로 11호의 달 착륙(1969년) 사이에 불과 12년의 시간 간격밖에 없었다는 것이다. 50년이 지난 지금도 이것이 인류가 달성한 우주 비행의 정점으로 남아 있다.

나는 이 패턴이 그대로 나타날 두 가지 미래 트렌드를 예측해보려 한다. 하나는 자율주행차다. 전문가들은 5단계 무인 자동차가 얼마나 빨리 나올 것인지에 대해서는 그리 낙관적으로 전망하고 있지 않다. 5단계 무인 자동차는 단순히 고속도로 주행만이 아니라 런던의 복잡한 교통 상황이나 구불구불한 시골길(길 잃은 동물들이 튀어나오는)에서도 운전자가 뒷좌석에서 휴식을 취할 수 있도록 프로그래밍된 차량이다. 또 다른 예는 스마트폰이다. 오늘날 등장한 제품이 이미 대부분의 사용자가 원하는 만큼의 기능을 갖췄고 충분히 복잡하기 때문에, 아이폰 20은 아이폰 13과 그렇게 다르지 않을 수 있다.

물론 연속적으로 밀려드는 파도에 따른 전반적인 기술 혁신은 계속 이어진다. 하지만 각각의 파도는 기하급수적인 성장 단계에 이어서 '포화'를 경험한다. 예를 들어 스마트폰 기술은 가상현실(메타버스)이나 홀로그램 등에 대한 소비자의 수요에 좌우되어 포화될 수 있다.

한편 내 전문 분야인 천문학에서 로봇과 인공지능의 응용 전망이나 범위가 가장 넓으면서도 관심을 덜 받는 현장이 있다면 바로 우주 탐험이다. 이번 세기 동안 작은 로봇 우주선 소함대가 태양계 전체를 탐사할 예정이다. 하지만 기술이 앞으로도 계속 발전할까? 로봇이 더 나은 센서와 높은 지능을 획득함에 따라, 실현 가능한 작업의 장벽은 낮아지고 있다. 10년 전 미국 항공우주국(NASA)은 화성에 큐리오시티 호라는 우주선을 보냈다. 이 우주선은 거대한 크레이터*를 아주 천천히 가로질렀다. 그 과정에서 앞에 놓인 바위를 감지한다면 담당 기술자에게 보고한 다음, 경로를 바꿀 방법에 대해 지시를 받아야 했다. 하지만 이후 2021

---

*　행성이나 위성의 표면에 보이는, 움푹 파인 큰 구덩이 모양의 지형. 화산 활동이나 운석의 충돌로 생긴 것이다.

년 화성에 착륙한 탐사 로봇 퍼서비어런스는 안전한 암석 회피 경로를 스스로 짤 수 있을 만큼의 지능을 지니고 있었다. 이제 앞으로 10년이나 20년 뒤 미래의 탐사선들은 지질학자들처럼 특이한 지질 구조를 식별할 만한 능력을 갖출지도 모른다.

만약 인류가 로봇을 보내는 것보다 훨씬 많은 비용을 들여 지구에서 멀리 떨어진 곳까지 위험을 무릅쓰고 직접 나아간다면 그것은 거의 모험일 것이다. 몇몇은 이런 식으로 달에 갈 것이고, 몇몇은 화성에 갈 것이다. 하지만 나는 이런 경우에는 민간 후원을 받아, 공공 지원을 받은 민간인들에게 기대하는 것보다는 위험하지만 비용이 적게 드는 임무에 착수할 준비를 해야 한다고 생각한다. (화성과 지구 사이의 왕복 티켓은 필요한 장비 때문에 값이 편도 티켓의 두 배 이상일 것이다. 화성 표면에서 지구로 돌아오기 위해서는 식량을 충분하게 실은 우주선을 발사해야 하는데, 그러려면 지구에서 장비를 가져와야 하기 때문이다.) 하지만 그렇다고 지구에서 화성까지 대규모 이주가 이뤄질 것이라는 기대는 접는 게 좋다. 지구에서 겪는 문제들의 탈출구를 우주 공간이 제공한다는 것은 망상이며, 실제로는 위험하다. 화성을 인간이 살 만하게 개조하는 일에 비하면 지구의 기후 변화에 대처하는 일은 식은 죽 먹기다. 위험을 감수하기 싫어하는 보통의 사람들이 살 만한 '제2의

행성'은 없다. 우리는 지구라는 집을 소중히 여겨야 한다.

　　우주로 관점을 넓히다 보면 우리의 관심사가 오히려 지금, 여기서 일어나는 일들에 집중되곤 한다. 우리의 지구가 얼마나 특별한지 깨닫고, 지구가 이 오래된 놀라운 생명의 미래를 제공할 수 있다는 비전을 얻게 되기 때문이다. 우리 앞에 놓인 다가올 미래에는 훨씬 더 놀라운 다양성이 나타날 수 있다. 발전을 거듭하는 지능과 복잡성은 아직 절정에 이르지 않았을지도 모른다. 하지만 우리는 모두 조상으로부터 물려받은 유산을 각별히 신경 써야 한다. 우리 세대가 관리를 소홀히 하면 우리 자녀와 손자 손녀의 안녕을 위태롭게 할 뿐만 아니라, 미래의 거대한 잠재력을 잃게 될 위험이 있다.

파멸을 피하기

과학자가 해야 할 것,
하지 말아야 할 것

앞에서 다룬 글로벌한 문제들은 모두 우리가 한 세기를 앞질러 계획을 세울 것을 요구한다. 특히 우리는 기후와 생물 다양성의 맥락에서, 22세기까지 살아남을 갓 태어난 아이들의 생존 기회에 관심을 기울여야 한다. 하지만 이것은 프랭크 램지Frank Ramsay나 데릭 파핏Derek Parfit 같은 철학자들이 제기했던 질문으로 이어진다. 아직 태어나지 않았지만 '존재할 가능성이 있는' 사람들에 대해 우리가 의무감을 가져야 할 것인가?[31] 분명 우리는 전 세계적인 재앙이 닥칠 확률을 최소화할 필요가 있지만, 그것이 지금 살아가는 사람들의 삶을 단축시키거나 미래 세대의 생존을 빼앗을 만큼 나쁜 재앙인가?

역사적 기록을 되짚어보면 그동안 문명이 무너지거나 심지어 소멸하는 사례도 있었다. 제러드 다이아몬드는 그의 저명한 저서 《문명의 붕괴》에서 그러한 사건들에 대해 논의했다.[32] 또 환경정책 분석가 루크 켐프Luke Kemp 같은 사람들은 현재 더 많은 사례의 증거를 분석하고 있다. 하지만 오늘날에는 과거와 달리 결정적인 차이가 있다. 세계가 긴밀하게 서로 연결되어 있어서, 어떤 지역에 재앙이 닥친다면 그 결과가 전 세계적으로 확산될 수밖에 없다는 것이다. 코로나-19의 예를 보면 너무나 잘 알 수 있다. 이것은 앞으로 더 나쁜 일이 닥칠 수도 있다는 징조다.

전염병은 과거에 비해 더 빠르게 확산될 뿐만 아니라 전 세계적으로 퍼져서 훨씬 더 심각한 사회적 붕괴를 초래한다. 14세기에 유럽의 여러 마을은 흑사병으로 인구가 절반으로 줄었을 때도 계속해서 기능을 했다. 그러나 오늘날 우리는 병원이 꽉 차면 즉시 사회가 심각한 불안에 빠진다는 사실을 너무나 잘 안다. 이런 일은 사망자가 1퍼센트를 훌쩍 넘기 전에 벌어질 수 있다. 코로나-19에 따른 미국과 영국의 사망률은 약 0.4퍼센트다. 페루에서는 그보다 3배나 높았고, 기록을 집계하기 어렵거나 백신 접종률이 여전히 낮은 나라들에서는 더 높을 것이다. 그뿐만 아니라 기간시설에 대한 사이버 공격으로 사회가 위협에 빠질 가능성도 높아진다. 어쩌면 무정부 상태로 돌아갈지도 모른다. 인터넷 접근 가능성과 견고성에 기댈 수 없었다면 전염병 봉쇄 기간에 잘 대처하지 못했을 것이다. 코로나-19 팬데믹 와중에 전력망이나 인터넷이 고장 났다면 어떻게 되었을까?

전 세계를 제대로 후퇴시킬 사회적·생태적 붕괴를 떠올리는 데는 거의 상상력이 필요하지 않다. 물론 후퇴 자체는 일시적일 수 있다. 하지만 그것은 너무나 파괴적이고 연쇄적으로 퍼져나갈 테고(엄청난 환경적·유전적 손상을 수반하며), 생존자들이 현재와 같은 수준의 문명을 재생하는 데는 수 세기가 걸릴 것이다.

생물학자들은 파괴적인 결과를 낳을 수 있는 유전자 변형 병원체를 만들거나 인간의 생식 계통을 대규모로 변화시키는 일을 피해야 한다. 첨단 인공지능을 유익하게 활용하고자 하는 사이버 전문가들은 아무리 작은 확률이라도 기계가 우리 세계를 점령할 가능성이 있다면 그 시나리오를 피해야 한다. 상당수 사람들은 그러한 시나리오가 공상과학 소설에나 나올 법하며 굳이 관심을 기울일 가치가 없다고 일축하는 경향이 있다. 나아가 그러한 기술 혁신이 긍정적인 면이 있을뿐더러 인류의 미래에 꼭 필요하다고 주장할지도 모른다. 물론 정당한 주장이다. 그래도 우리는 '예방 원칙'을 적용해야 한다. 그리고 여기에는 기회비용이 수반된다. 물리학자 프리먼 다이슨Freeman Dyson의 표현을 빌리자면, 이것은 '아니오라고 말하는 데 따르는 숨겨진 비용'이다.

그래도 우리는 극단적인 시나리오를 한 번쯤 고려해

야 한다. 그리고 그것들에 따라오는 윤리적 문제를 곰곰이 생각해볼 만하다. 오늘날의 위험 요소 명부에 있는 것보다 훨씬 더 심각한, 인류가 야기한 위협이 닥칠지도 모른다. 사실 우리는 인류 문명, 나아가 인류 자체가 미래 기술이 일으킬지도 모를 최악의 상황에서 살아남을 수 있다고 자신 있게 단언할 근거가 전혀 없다. 여러 세대에 걸쳐 연쇄적으로 발생할 이런 '실존적' 위협은, 기후 정책을 시행하는 가운데 발생하는 위협의 초대형 버전이다. 그리고 이 지점에서 우리가 앞으로 100년 뒤에 살아갈 후손을 얼마나 신경 써야 하는지가 논란이 된다. 어쨌든 우리는 지금의 우리 세대보다 더 길게 생각할 필요가 있다.

먼 미래 세대에 대한 우리의 '의무'라는 질문으로 돌아가 보자. 어쩌면 그사이 인류의 멸종으로 수십억, 심지어 수조 명에 이를 수도 있는 미래 세대가 없을지도 모른다. 혹은 그 미래에는 지구가 아닌 아주 먼 곳에서 포스트휴먼*들의 제약 없는 이주가 가능할 수도 있다. 많은 윤리학자들이 '앞으로 살아갈 사람들'의 안녕과 복지가 현 세대의 복지만큼이나 중요하다고 주장할 것이다. 하지만 그런 주장을 받

---

* 인간과 기술, 로봇의 경계가 사라져 현존하는 인간을 넘어선 새로운 인류.

아들인다 해도, 오늘날 우리가 내릴 결정에 먼 미래의 후손을 얼마나 강력하게 고려해야 하는지는 분명하지 않다. 현재의 행동이 미래 세대에 얼마나 깊이 울려 퍼질지 자신감이 줄어들고 있기 때문이다. 게다가 지난 수천 년 동안 인류의 특성이 거의 변하지 않았을지라도, 미래의 '설계된' 변화에 따라 수백 년 내에 (우리가 예측할 수 없는 방식으로) 포스트휴먼 세대가 생겨날지도 모른다. 이런 불확실성은 오늘날 우리의 결정에서 미래 세대의 복지를 다소 가볍게 생각해도 될 만한 이유를 제공한다.

앞서 언급한 파핏 같은 철학자들의 주장과 관련해(내 생각에 그렇게 설득력 있는 주장은 아니지만), 최근 우리은하 안에 '식민지'로 만들 수 있는 수십억 개의 '거주 가능한' 행성이 존재한다는 발견이 이루어지면서 인류가 지구를 넘어 문명을 확장시켜야 한다는 주장이 제기되었다. 이런 주장은 현 세대의 행복만이 아니라 '행복한 사람들'이 더 많아지는 게 좋다는 믿음에 바탕을 둔다. 하지만 이런 순진한 공리주의적 주장을 진지하게 받아들인다 하더라도, 우리는 외계인이 이미 다른 세계에 존재할 수도 있다는 점을 생각해봐야 한다. 그런 경우 인류의 자손들이 외계를 식민지로 만들면 외계인의 주거지에 압박을 주어 우주 전체의 행복에 부정적으로 기여할 수도 있다!

그럼에도 불구하고, 앞으로 등장할 세대에 대한 이러한 머릿속 상상은 제쳐두고라도, 인류의 종말에 대한 전망은 지금 살아가는 우리를 슬프게 한다. 우리 대부분은 과거 세대가 남긴 유산을 알고 있는 만큼, 앞으로 그렇게 많은 세대가 또 이어지지 않는다면 우울할 것이다.

여론 조사에 따르면(놀랄 만한 결과도 아니지만), 이번 세기의 대부분을 살아갈 것으로 예상되는 젊은이들은 오랜 기간에 걸친 글로벌한 문제에 더 관심을 가지며 불안해한다. 그렇다면 우리가 그들에게 전해야 할 메시지는 무엇일까? 우리는 새롭게 닥친 위험의 그늘 아래 살고 있지만 그 위험을 최소화할 수는 있다. 이를 위해서는 '책임 있는 혁신'의 문화, 그리고 에너지·생명공학·인공지능 같은 분야에 대한 글로벌한 기술 개발을 무엇보다 우선시해서 추진해야 한다. 그러려면 기술에 대한 낙관주의자가 되어야 한다. 실제로 앞에서 살펴본 전 지구적인 위기는 과학을 더 나은 방향으로, 더 많이 발전시켜야만 해결할 수 있다. 과학자들은 세상을 바꾸고 사람들의 삶을 어떤 모습으로든 빚기 위해, 자신들의 연구를 쓸모 있게 응용하고 그 연구의 부정적인 측면을 우리에게 경고할 의무가 있다.

하지만 이 역시 과학에 대한 기본적인 발견과 이해가 전제조건이라는 사실을 잊지 말자. 그렇다면 우리가 만약 세상을 이해하고 변화시키고자 애쓰는 연구자라고 할 때, 우리의 책임은 무엇일까? 어떻게 해야 최대한 적합한 방식으로 노력을 기울일까? 대중이나 정부를 어떤 방식으로 끌어들여야 할까? 다음 세대에게 어떻게 가르치고, 또 영감을 주어야 할까? 그리고 과학이 이루어지는 조직, 즉 대학과 연구소, 산업 분야에는 어떤 변화가 필요할까? 과학이 우리를 구원한다면(분명히 그럴 수 있다), 꼭 물어야 하는 질문이다. 이 책의 나머지 장에서 다룰 질문들이기도 하다.

과학자는 누구인가

Meet
the
Scientists

고독한 사상가에서
팀 플레이어까지

과학은 문화다

'두 문화'의
과거와 현재

1660년대에 영국 왕립학회의 창립 멤버인 크리스토퍼 렌 Christopher Wren, 로버트 훅Robert Hooke, 새뮤얼 피프스Samuel Pepys를 비롯한 자칭 '천재적이고 호기심 많은 신사들'은 정기적으로 만났다. 기존의 권위를 그대로 수용하지 말자는 것이 이들의 좌우명이었다. 이들은 많은 실험을 했는데, 여기에는 새로 발명된 망원경과 현미경을 들여다보고 별난 동물들을 해부하는 일이 포함되었다. 양의 피를 살아 있는 사람에게 수혈하는 실험도 있었다. 하지만 이들이 호기심만 충족시킨 것은 아니었다. 선박 항해술을 개선하고 신세계를 탐험하며 런던 대화재 이후 도시를 재건한다는 당시의 실용적인 문제에도 몰두했다. 이들 가운데 일부는 종교적이었지만, 그럼에도 과학자에게는 두 가지 목표가 있다고 여긴 프랜시스 베이컨에게 영감을 받았다. 베이컨은 과학자가 '빛의 무역상'이 되어 '인류의 재산을 구출'해야 한다고 여겼다. 그로부터 1세기 뒤인 1769년, 벤저민 프랭클린Benjamin

Franklin을 초대 회장으로 삼아 '유용한 지식의 증진'을 목표로 하는 미국철학회가 필라델피아에서 설립되었다.

18세기 후반과 19세기 초반에도 오늘날처럼 학문을 통합하려는 학제 간 정신이 지배적이었다. 리처드 홈스 Richard Holmes의 매혹적인 책《경이의 시대》는 제임스 쿡 James Cook 선장이나 조지프 뱅크스Joseph Banks 같은 사람들의 탐험의 결실인 과학 분야와, 콜리지나 셸리 같은 시인들의 창의성 사이에 어떤 관련성이 있는지를 기술한다. 당시 '두 문화'는 분열되지 않았으며, 과학자·작가·탐험가들이 떠들썩하게 뒤섞여 있었다. 영국 왕립학회(조지프 뱅크스가 42년 동안 회장을 지냈고, 과학 연구에 보조금을 지원할 만큼 재산이 풍족했다)는 왕립연구소(RI) 안에 추가로 설립되어 그러한 상호작용의 중심에 섰다.

왕립연구소는 재능 넘치는 악동 같은 모험가 럼퍼드 백작(본명 벤저민 톰슨Benjamin Thompson)의 자금 지원을 받아 런던 중심부의 앨버말 가에 훌륭한 건물을 제공받았다. 럼퍼드는 발명가로서 업적도 상당했지만 '열'의 본질에 대해 중요한 발견을 한 인물이다. 그는 미국 독립전쟁에서 패배한 쪽을 지지했다가(그리고 부유한 미국인 아내와 결혼했다) 영국으로 이주했고, 이후에는 독일 바이에른으로 가서 숱한 발명품을 만들고 군대를 새로 조직해 작센 선제후로부터 '신성로마제국의 백작'이라는 칭호를 얻었다. 그러다가 프랑스 과학자 라부아지에(연소 작용에서 산소의 역할을 발견했다)의 미망인과 결혼해 파리에서 살기도 했다. 그는 왕립연구소가 과학 연구뿐만 아니라 더 많은 사람들에게 과학 지식을 퍼뜨리는 곳이 되어야 한다고 구상했다. 다행히 왕립연구소의 처음 두 소장인 험프리 데이비Humphrey Davy와 마이클 패러데이Michael Faraday는 역량이 뛰어난 사람들이었다. 둘 다 뛰어난 과학자이기도 했지만, 매주 지역 주민을 대상으로 강연을 개최해 런던의 엘리트 계층을 끌어들이고 과학의 저변을 넓히고자 했다. 이 강연은 (비록 인기가 조금 떨어지기는 했지만) 오늘날까지도 이어지고 있다.

영국에서 19세기는 과학에 대한 대중의 열정이 급성장한 시기였다. 전문적인 학회들이 설립되는 한편 과학을 대중에게 소개하는 과학진흥협회(BA)도 생겼다. 1831년 설립된 과학진흥협회는 왕립연구소에 비해 사회적·지리적 범위가 넓은 기관이었다. 1837년 영국 북부 뉴캐슬에서 모임이 열렸을 때는 지질학자 애덤 세지윅Adam Sedgwick이 3,000명에 달하는 광부와 일반 대중을 대상으로 야외 강연을 했다는 기록이 있다. 그리고 특별히 건축된 수정궁에서 최신의 기술적 성과를 보여주는 1851년 대영박람회에 600만 명의 방문객이 모였다는 사실 또한 대중이 열광적인 반응을 보냈다는 증거다. 미국에도 1848년에 영국의 이 기관에 대응하는 과학진흥협회가 세워졌다. 과학 잡지 《사이언티픽 아메리칸》이 창간된 것도 1845년으로 거슬러 올라간다.

역사가들에 따르면, 산업혁명을 촉발한 기술들은 우리가 오늘날 '과학'이라고 부르는 것(당시에는 '자연철학'이라고 불렀다)과는 독립적으로 발전했다고 한다. 사실 학술적인 과학은 놀랍게도 꽤나 늦게까지 학생들의 교과 과정이 아니었다. 그래도 '과학자scientist'라는 단어를 처음 만든, 그리고 여러 면에서 인상적인 박식가였던 윌리엄 휴웰William Whewell은 모든 학생이 신학과 함께 수학이 가진 '불멸의 진리'를 배워야 한다고 생각했다. 물론 그는 학생들에게 공식적으로 가르치기에는 과학 지식이 너무도 불확실하고 임시적이라고 여겼지만, 적어도 100년 동안 알려져왔던 내용은 괜찮을 것이라고 인정했다. 사실 오늘날 인문 교육과 기술 교육의 균형을 논의하는 과정에서 종종 잊히는 사실이지만, 유럽 전역의 전통적인 대학 교육과정은 원래 학생들에게 의학·법학·신학 분야의 직업을 준비시키는 것이었고, 수학도 널리 가르치는 과목이었다(물론 처음 몇 세기 동안 대학의 학생 수는 오늘날에 비하면 보잘것없었다). 지금은 18세 이후에도 교육을 지속하는 것이 표준이 되었지만 그 형식이나 제도적 기반은 21세기에 적합한 형태가 아니다(이에 대해서는 4

장에서 살펴볼 예정이다).

그러다가 19세기 후반에 접어들어 과학에 대한 사람들의 태도가 바뀌었다. 이 점을 보여주는 단적인 예가 케임브리지대학의 캐번디시연구소다. 넉넉한 기부금을 받아 설립된 이 연구소는 당대 최고의 물리학자 세 명이 연달아 소장직을 거쳤다. 제임스 클라크 맥스웰James Clark Maxwell, 레일리 경Lord Rayleigh, 조지프 존 톰슨J. J. Thompson이 그들로, 이들의 발견은 21세기 공학 기술 상당 부분의 기초를 이룬다.

하지만 빅토리아 시대의 사상에 가장 깊은 영향을 미친, 그리고 오늘날 훨씬 더 큰 반향을 불러일으키고 있는 인물은 생물학자 찰스 다윈이다. 철학자 대니얼 데닛Daniel Dennett은 다윈의 '자연선택' 개념을 가리켜, '지금껏 존재했던 것 가운데 최고의 아이디어'라고 약간의 과장을 섞어 말하기도 했다. 다윈의 통찰력은 지구상의 모든 생명에 대한, 그리고 인간의 활동에 대한 환경의 취약성을 이해하는 데 꼭 필요하다.

한편 19세기 말 대서양을 가로지르는 통신 케이블을 설치하는 데 기여해서 부를 쌓은 스코틀랜드의 물리학자 켈빈 경Lord Kelvin은 물리학이 사실상 '완료되었다'는 유명한 주장을 펼쳤다. 남은 작업은 몇몇 물리 상수의 값을 가다듬고 몇 가지 세부 사항을 채우는 것뿐이라는 것이다. 이 주장이 자만심이나 승리주의를 담고 있는 건 아니지만, 그는 과학의 범위에 대해 지나치게 겸손하고 제한된 견해를 가지고 있었다. 예컨대 켈빈은 우리가 언젠가 물질의 특성을 (심지어 생명체까지도) 분자 구조의 관점에서 해석할 수 있다거나, 원자핵을 깊숙한 곳까지 탐사해 꿈에도 생각하지 못한 새로운 에너지를 발견하고, 중력과 시공간에 대한 새로운 통찰을 발전시킬 것이라고는 생각하지 못했다. 하지만 20세기에는 이 모든 돌파구가 현실이 되었다. 그러나 과학이 이루어지는 범위와 규모는 크게 확대되었지만 그에 따라 전문화가 심해져 배움의 지형이 세세하게 분열되었다. 그래서 (비록 과학이 모든 사람의 삶에 더 깊은 영향을 미친다 해도) 서로 다른 분야의 전문가들과 더 넓은 대중 사이에 골이 깊어지는 결과를 초래했다.

그럼에도 우리의 개념적 지평은 크게 확장되었다. 이제 새로운 대륙은 발견되지 않을 것이다. 우리의 지구가 더 이상 열린 지평을 제공하지 않는 상황에서 광대한 우주의 '창백한 푸른 점'은 비좁고 혼잡해 보인다. 또한 오늘날의 과학자는 더 이상 박식가가 아니라 한 분야의 전문가다. 하지만 이렇게 모든 상황이 바뀌었음에도 왕립학회 창립자들의 가치관과 태도는 지금도 이어지고 있다. 물론 오늘날에는 사회와 공공 문제에 광범위하게 관여하는 이들의 수가 꽤나 적지만 말이다.

그렇지만 이런 관여는 그 어느 때보다도 필요하다. 과학에서 파생된 결과물이 우리 삶에 무척 널리 퍼져 있는 데다가 앞에서 살폈던 거대한 글로벌 위협을 해결하는 데 중요하기 때문이다. 그렇기에 그러한 관여가 윤리적으로 적용되고 개발도상국과 선진국 모두의 이익에 기여하도록 모든 사람이 목소리를 내야 한다. 우리는 유전학과 인공지능이 지나치게 빠른 속도로 '저만치 앞서갈' 수 있다는 광범위한 우려에 제대로 직면해야 한다. 한 사람의 시민으로서, 우리 모두는 과학자들의 주장을 얼마나 신뢰할 수 있을지에 대한 감각이 필요하다.

오늘날의 우주론과 다윈 진화론이 제공하는 파노라마, 즉 여전히 신비로운 시작점에서 원자-항성-행성으로 이어지며 창발하는 복잡성의 사슬과, 지구상에서 어떻게 생명이 나타났고 어떻게 진화했는지(이 모든 경이로움을 숙고할 수 있는 두뇌를 가진 존재를 포함해)를 이해하지 못하는 것은 분명 하나의 문화적인 박탈이다. 이는 국가나 신앙을 초월해야 한다. 과학적 발견과 응용은 우리 인류의 집단적 미래에 매우 중요한 만큼 모든 시민은 과학이 제공하는 관점의 범위와 한계를 이해할 필요가 있다.

과학자 들이 하는 일

새로운 아이디어에
덤벼드는 비평가

과학은 그야말로 글로벌한 문화다. 특히 천문학에서는 과학의 보편성이 두드러진다. 어두운 밤하늘은 우리가 역사적으로 모든 인류와 공유해온 유산이다. 물론 모든 이들이 똑같은 '천상의 천장'을 경이로운 눈으로 바라보았지만 해석하는 방식은 제각각이었다. 커다란 질문에는 나름의 매력이 있다. 예컨대 이런 것들이다. 세계는 어떻게 시작했는가? 생명은 어떻게 생겨났을까? 우주에 다른 생명체가 있을까?

우리 세계의 가장 간단한 구성 요소인 원자는 물리학자들이 이해하고 계산할 수 있는 방식으로 행동한다. 그리고 그것들을 지배하는 법칙과 힘은 보편적이다. 다시 말해 원자는 지구상의 모든 곳에서 같은 방식으로 행동한다. 실제로 분광학적 증거에 따르면, 원자는 아주 멀리 떨어진 항성에서도 지구와 동일하다. 이러한 기초 지식을 충분히 이해하고 있기에 엔지니어들은 실리콘 칩에서 로켓에 이르기까지 현대 세계에 중요한 모든 인공물을 설계할 수 있다.

우리의 주변 환경은 모든 세부 사항을 다 설명하기에는 너무 복잡하지만, 그래도 여러 훌륭한 아이디어를 통합하는 과정에서 우리의 관점은 바뀌어왔다. 예컨대 '대륙 이동'이라는 아이디어 덕분에 지구물리학자들은 전 지구의 지질학적·생태학적 패턴을 서로 연관 지을 수 있었다. 그리고 다윈의 위대한 통찰력은 지구 생명체 전체의 그물망이 갖는 총체적인 통일성을 보여주었다.

우리가 세계를 더 많이 이해하면 할수록 세계는 좀 덜 당혹스러워지고(동시에 놀라움은 더해가며), 우리는 세상을 더 많이 바꿀 수 있다. 자연은 많은 패턴을 보여준다. 그중에는 심지어 우리 인간이 어떻게 행동하는지에 대한 패턴도 있다. 예컨대 도시가 어떻게 성장하고, 전염병이 어떻게 퍼지며, 기술이 어떻게 발전하는지가 그렇다. 컴퓨터는 특히 중요한 영향을 끼쳤다. 컴퓨터는 데이터 분석에 필수적이며 우리가 실제 실험할 수 없는 모델링 시스템에도 중요한 역할을 했다. 날씨와 기후가 그 분명한 예다. 하지만 컴퓨터를 통해 더 많은 것을 얻은 분야는 천문학일 것이다. 천문학자들은 관찰만 할 수 있을 뿐 어떤 실험도 할 수 없었다. 그렇지만 이제는 컴퓨터로 진행 속도를 빠르게 한 '가상 우주'에 대해 실험할 수 있다. 달이 어떻게 형성되었는지를 보기 위해 가상 우주에서 다른 행성을 지구와 충돌시키고, 어떻게 거대한 항성이 폭발해 초신성이 되는지를 계산한다. 또 두 은하가 충돌할 때 어떤 일이 벌어질지도 시뮬레이션할 수 있다. 예를 들어 40억 년 뒤에 안드로메다은하가 우리은하에 부딪칠 때 어떤 일이 벌어질까? 또 이론상 컴퓨터 시뮬레이션에 따르면, 뜨겁고 밀도 높은 무정형의 불덩어리에서 시작된 우주가 팽창하며 냉각되어 거의 140억 년 뒤에 우리를 둘러싼 이 복잡한 우주로 어떻게 변형되었는지도 알 수 있다.

가끔은 '과학혁명'[1]이라고 불릴 만한 거대한 돌파구가 온다. 하지만 대부분의 진보는 혁명적이지 않다. 대신에 이전의 개념을 확증하거나, 뛰어넘거나, 일반화하거나, (가장 자주 벌어지는 일로) 단지 몇 가지 세부 사항을 덧붙일 뿐이다. 예를 들어 아인슈타인은 뉴턴의 중력 이론을 '뒤엎지' 않았다. 물론 아인슈타인은 더 넓은 범위에 적용되는 이론을 고안하고 우주와 중력의 본질에 대한 더 깊은 통찰력을 제공했지만, 뉴턴의 법칙으로도 여전히 우주선의 궤도를 예측하기에는 충분하다. (아인슈타인 식의 정교함이 필요한 실제적인 맥락이 하나 존재하기는 한다. 위성항법시스템에 사용되는 위성위치확인시스템GPS의 정확성이다. 상대성 이론에 따라 지구와 우주 궤도에서 시계가 똑딱이는 속도의 미묘한 차이를 적절하게 고려하지 않는다면 GPS의 정확도는 치명적으로 저하될 것이다.)

　　과학자는 새로운 아이디어에 강경하게 덤벼드는 비평가다. 이들은 직업적으로 아이디어의 오류를 발견할 동기를 가진다. 아무도 예상하지 못한 독창적인 아이디어에 기여한 사람들, 특히 기존의 합의를 뒤집을 수 있는 사람들이 가장 큰 존경을 받기 때문이다. 이런 방식으로 기후 변화나 전염병 통제 같은 문제뿐만 아니라 (예전의 몇 가지 사례를 끌어들여) 흡연과 폐암, 인체면역결핍바이러스(HIV)와 에이즈(AIDS) 사이의 연관성에 대한 초기의 잠정적인 아이디어들이 좀 더 확고하게 굳어진다. 동시에 이것은 매력적으로 보였던 이론이 '사실'들의 가혹한 공격으로 파괴되는 방식이기도 하다. 과학은 '체계적인 회의론'이다.

　　오늘날 흥미롭고 새로운 과학적 주장은 과거보다 훨씬 더 광범위하고 철저하게 조사된다. 천문학 역시 이런 방식으로 속도를 내어 진보한다. 물론 천문학보다야 전 세계 의료 데이터를 통해 어디서든 동일하게 연구할 수 있는 것이 실용적으로 훨씬 중요하다. 이로써 병원체의 새로운 변종을 좀 더 신속하게 알아내고 약물과 백신을 더 빠르게 시험·검증할 수 있게 되어 팬데믹에 대처할 중요한 이점을 얻었다. 하지만 여기에는 단점도 있다. 대중적인 과학이 갖는 상업적·정치적·출세지향적 압력은 건강하지 못한 경쟁을 일으킬 수 있고, 심지어 사기를 유발할 수도 있다. 게다가 소셜미디어에 혼란을 주는 메시지 폭격은 대중이 어떤 논란에 대해 균형 잡힌 견해를 뽑아내기 어렵게 만든다.

1960년대에 케임브리지대학교에 다녔던 나는 프레드 호일Fred Hoyle과 마틴 라일Martin Ryle의 대결을 가까이에서 지켜보았다(둘 다 뛰어난 과학자였지만 직업적 스타일과 개인적 성격은 완전히 달랐다). 이들은 우주가 빅뱅에서 비롯했는지(라일의 주장), 아니면 이른바 '정상 상태'로 영원히 존재해왔는지(호일의 주장)를 두고 논쟁했다. 그러다 1960년대에 새로운 증거가 나오면서 논쟁은 라일에게 유리한 쪽으로 종결됐다. 하지만 이 결과에 대해 호일은 완전히 납득하지 못했고, 말년까지도 두 견해를 절충한 '정상 상태 빅뱅' 이론을 옹호했지만 주변의 관심은 거의 얻지 못했다. 호일은 활기차고 적극적으로 논쟁을 즐기는 편인 데 반해 라일은 그렇지 않았다. 하지만 라일의 편을 조금 들자면, 그는 여러 해를 들여 실험기구를 설계하고 제작하는 실험 전문가였던 만큼(자기 손으로 직접 만드는 매우 실무적인 제작자였다) 그가 실험기구의 중요성을 다소 과장되게 인식했다 해도 이해할 만하다. 사실 이론가는 좀 더 느긋한 마음으로 자기 이론을 폐기할 수 있다. 정신의 생산성이 풍부한 사람이라면 얼른 새로운 이론을 다시 고안할 수 있기 때문이다.

마찬가지로 진화생물학과 사회생물학에서도 개념적으로 중요한 문제에 대해 세간의 이목을 끄는 치열한 논쟁이 있었다. 하지만 오늘날에는 과학적 논쟁을 그렇게 개개인이 좌지우지하는 경우는 거의 없다. 이것은 젊은 세대의 과학자들이 상냥한 성격이 되어서가 아니다. 데이터가 축적되면서 확산성 강한 가설을 세우게 될 기회가 점차 줄어들고, 연구할 때 혼자보다는 다른 사람과 협력하는 게 더 바람직해졌기 때문이다. 하지만 이 과정에서 사람이 많이 몰리는 유행 분야에서는 논문의 중복 게재나 우선순위 경쟁이 생겨 굉장히 지독한 상황이 될 수 있다. (내 경우에는 해결해야 할 문제 대비 연구자의 비율이 만족스러울 만큼 높은 분야여서 정말 다행이다. 그런 만큼 내가 얻은 보잘것없는 새로운 통찰력은 다른 연구자들이 그것에 도달하기까지 몇 달은 이 분야를 진전시킨다.)

경쟁하는 이론들이 논쟁을 벌일 때 결국 승자는 기껏해야 하나다. 때로는 중요한 증거가 나와 논쟁을 마무리 짓는다. 빅뱅 우주론 분야에서 우주공학자들이 약한 마이크로파 배경 복사를 감지했을 때도 그랬다. 이 마이크로파는 뜨겁고 밀도 높은 우주의 첫 시작이 남긴 흔적으로 해석해야 가장 잘 이해된다. 마찬가지로 '대륙 이동' 이론 역시 대륙을 밀어내는 해저의 분출구를 따라 분출물이 솟아나는 '해저 확장'의 직접적인 증거가 발견되고 나서야 받아들여졌다. 하부의 기층 위로 판이 떠가는 가운데 이 해저의 분출이 대륙을 밀어내서 멀어지게 한다. (예전 세대의 저명한 지구 물리학자 해럴드 제프리스Harold Jeffreys는 대륙 이동 이론을 단호하게 반대하기도 했다. 지구의 내부가 경직되어 있어 이런 분출의 흐름이 발생할 수 없다고 여겼기 때문이다. 비록 제프리스가 잘못된 판단을 내리기는 했지만, 불가능해 보이는 아이디어를 받아들이기 전에 좀 더 높은 수준의 증명이 필요하다고 요구하는 행동은 적절한 것이다.) 이 두 사례에서 자기 의견을 고수하며 '버텼던' 전문가들은 소수에 불과했다. 그 밖의 사례에서는 대개 하나의 아이디어가 서서히 우위를 얻는다. 아니면 해당 분야가 변화하면서 한때 획기적인 아이디어로 보였던 것이 우회되거나 열외 취급을 받기도 한다.

가끔은 사람들이 어떤 이념에 편향되어 균형적인 의견을 갖지 못할 때가 있다. 그로 인해 (결국 나중에 승리를 거두게 될) 중요한 아이디어를 억누르기도 한다. 가장 악명 높은 예가 17세기 갈릴레오 갈릴레이의 경우다. 갈릴레이는 종교재판에 회부되어 '이단이라는 극렬한 혐의'를 받았다. 위대한 시인 존 밀턴은 1638년 유럽을 '그랜드 투어'하는 동안 갈릴레이를 방문한 적이 있었다. 그는 1642년에 출판된 '언론의 자유'에 대한 열정적인 탄원서 《아레오파기티카 Areopagitica》에서, "유명한 갈릴레오를 방문해보니 프란치스코회와 도미니카회 재판관들이 예상했던 것과 달리, 그가 천문학에 대해 가졌던 생각 때문에 종교재판소의 죄수가 되어 늙어버렸다"고 한탄했다.

수세기에 걸쳐 비슷한 억압의 사례들이 있었다. 그 가운데 몇몇은 과학자들을 갈릴레이보다 훨씬 더 가혹한 운명에 처하게 했다. 유명한 한 비극적 에피소드는 스탈린 시대에 소련에서 일했던 유전학자들의 예다. 식물학자 니콜라이 바빌로프Nikolai Vavilov는 1920년대에 '레닌 전연맹 농업과학아카데미'를 설립하고 감독했다. 동식물의 사육과 번식을 개선하는 기술을 성공적으로 연구해온 기관이었다. 하지만 독불장군 유전학자 트로핌 리센코Trofim Lysenko가 스탈린의 지지를 업고 바빌로프의 자리를 빼앗았다. 리센코는 후천적인 획득 형질이 유전된다고 믿어 식물을 '교육시키면' 유전적 특징이 바뀔 수 있다고 주장했으며, 유전자의 존재를 부정했다. 이어 여러 '주류' 유전학자들이 이후의 숙청 과정에서 총살당했다. 바빌로프 역시 1940년에 체포되어 3년 뒤 감옥에서 굶어 죽었다. 리센코의 영향력은 1960년대까지도 이어져 소련 생물학계의 장애물로 남았다.

오늘날에도 우리는 대다수가 강력하게 지지하는, 증거에 바탕을 둔 주장에 대해 극도의 회의적 반응을 보이는 사람들(한마디로 '거부자'들)의 존재에 익숙하다. 이들은 담배가 건강에 끼치는 위험, 백신 접종의 이점, 통제하지 않은 기후 변화의 위험성 등을 믿지 않고 거부한다. 가끔 이들의 편향성은 이념에 바탕을 둔다. 혹은 과학적 발견에 대한 의심과 불확실성을 퍼뜨리는 것이 자신들의 이익에 부합한다는 상업적 판단(담배 회사나 화석연료 관련 기업들처럼)을 반영했을지도 모른다. 두 경우 모두 언론 보도와 자금 지원을 왜곡시킬 수 있으며, 더 심각하게는 안전이나 인류의 안녕과 복지에 필요한 중요한 프로그램을 채택하지 못하도록 방해할 수도 있다.

만약 여러분이 과학자들에게 직접 그들이 무엇을 연구하고 있는지 묻는다면, 여러분은 '암의 치료법'이라든가 '우주에 대해 이해하기'와 같은 영감을 주는 답변은 거의 듣지 못할 것이다. 그보다 과학자들은 퍼즐의 작은 조각에 초점을 맞추고, 다루기 쉬워 보이는 것에 도전할 것이다. 그렇다고 과학자들이 큰 문제를 회피하는 것은 아니다. 간접적으로 에둘러 문제에 접근해야 최선의 결과를 얻는 경우가 많다고 판단하기 때문이다. 커다란 도전과제에 대한 정면 공격은 사실 시기상조일 수 있다. 역사적인 예를 들어보자. 50년 전 리처드 닉슨 미국 대통령은 당시 얼마 되지 않았던 아폴로호의 달 착륙 프로그램을 모델로 해서, '암과의 전쟁'

을 선포하고 그것을 국가적 목표로 구상했다. 하지만 둘은 결정적인 차이가 있었다. 아폴로호의 기초가 되는 과학인 로켓과 천체 역학은 이미 어느 정도 지식이 축적되어 있었기 때문에, NASA에 자금이 쏟아지듯 밀려들자 달 착륙이라는 목표를 실제로 달성할 수 있었다. 반면 암의 경우 과학자들이 아는 바는 너무나 적어서, 목표를 달성하기 위한 노력을 효과적으로 기울일 수 없었다.

이처럼 정면으로 접근했다면 분명 실패했을 다른 예들을 생각해보는 일은 재미있다. 19세기의 혁신가들이 더 좋은 음악 재생 기기를 개발하려 했다고 가정해보자. 그들은 매우 정교한 기계식 오르간이나 자동 피아노를 만들 수는 있겠지만, 이러한 노력들이 CD 플레이어나 '스포티파이*의 출현을 앞당기지는 못했을 것이다. 마찬가지로 살을 째고 안을 들여다보려는 의학 프로그램이 뢴트겐의 우연한 엑스선 발견을 자극하지도 못했을 것이다.

그래도 닉슨의 암 프로그램은 부수적으로 유전학과 세포의 구조에 대한 여러 좋은 연구를 촉진했다. 실제로 20세기에 이루어진 전반적인 연구 투자는 풍부한 성과를 거뒀다. 하지만 이런 보상은 예측할 수 없이 발생하며, 수십

---

* 세계 최대의 음원 스트리밍 서비스.

년의 시간 뒤에야 나타나곤 한다. 이것은 과학의 많은 분야에서 공익자금 지원을 받는 게 가장 좋은 이유다. 이 점을 잘 드러내는 사례가 1960년에 발명된 레이저다. 레이저는 아인슈타인이 40년도 더 전에 발전시킨 기본적인 아이디어를 이용했지만, 레이저 발명가들은 그것이 나중에 눈 수술이나 DVD 플레이어에 사용될 것이라고는 예측할 수 없었다.

오늘날에는 닉슨 시대에 비해 초점을 더 잘 맞춰 '암과의 전쟁'을 진행할 수 있다. 세포생물학에 대해서도 훨씬 더 많이 알려져 있다. 그리고 코로나-19 백신을 빠르게 개발한 데서도 알 수 있듯이, 전염병학과 바이러스에 대한 이해는 그동안 눈부시게 발전했다. 하지만 오늘날에는 닉슨 시대의 암 연구 수준만큼이나 기본적인 이해도가 취약한, 또 다른 커다란 도전과제가 있다. 예컨대 뇌 연구가 그렇다. 뇌과학의 '달 착륙 프로그램'이라 할 만큼 혁신적인 미국과 유럽연합의 프로그램은 상당한 회의론과 논란을 불러일으켰다.[2] 우리는 새를 모방하기 위해 날개가 펄럭이는 항공기를 설계하지는 않는다. 마찬가지로 컴퓨터가 작동하는 방법과 뇌가 생각하는 방법 간의 차이는 일반적으로 추정되는 것보다 더욱 근본적이고 다루기 어려우며 여전히 수수께끼에 싸여 있어서, 아직 그렇게 대규모 프로그램을 수행하기에는 어려울 수 있다.

이때 넓은 의미에서 '과학'이라는 단어는 기술과 공학을 아우른다고 할 수 있다. 단지 단어 하나로 여러 가지를 말하기 위해서가 아니라, 이 모든 학제 분야가 공생하며 연결되어 있기 때문이다(19세기 중반 이전에는 그렇지 않았다). 누군가 문제를 해결하는 사고의 과정은 우리 모두에게 동기를 부여한다. 그가 먼 우주를 탐사하는 천문학자든, 현실적인 설계 문제에 직면한 엔지니어든 그렇다. 우리가 이런 문제 해결의 일환으로 여기는 패턴이나 '법칙'들은 과학의 위대한 승리다. 이것들을 발견하기 위해서는 한 분야에 헌신하는 재능(가끔은 천재적인)이나 놀라운 행운이 필요했다. 하지만 그 본질을 파악하는 일은 그리 어렵지 않다. 우리 대부분은 작곡을 하거나 악기를 연주할 수 없더라도 음악을 감상할 줄은 안다. 이와 비슷하게 과학의 핵심 아이디어 역시 거의 모든 이가 접근하고 즐길 수 있다. 기술적인 세부 내용들이 주눅 들게 할 수도 있지만, 그것은 우리 대부분에게는 그렇게 중요하지 않으며 전문가들에게 맡기면 된다.

커뮤니　케이션 기술과 토론

'팩트'의 죽음을
피하려면

컴퓨터와 IT 혁명은 세상에 엄청나게 퍼져나가 정보 교환과 통신이 이뤄지는 속도를 높였다. 게다가 주요 기관에서 직접 근무해야만 얻을 수 있었던 이점도 줄어들었다. 나는 직장생활 대부분을 대규모 국제 연구 그룹을 지닌 세계 최고의 천문학 센터에서 보냈는데, 우리 연구의 대부분은 멀리 떨어진 파트너들과의 협력이 뒤따른다.

　　직장에 나가면 우리는 그들과 영상 통화를 하거나 문자로 소통하고, 전 세계에서 전송된 데이터를 분석한다. 이렇게 하면 연구가 진전되는 속도가 높아질 뿐 아니라 또 다른 장점도 있다. 예컨대 인터넷이 널리 쓰이기 전에는 답답할 정도로 느리고 비효율적인 메일 서비스에 의존했던 남아프리카공화국(활발하게 연구하는 과학자 공동체가 있다) 동료들도 이제 우리만큼 빠르게 데이터를 얻을 수 있기 때문에 더 이상 불리한 점이 없다. 게다가 일시적인 천문 현상을 다루는 연구자들도 큰 이점을 얻게 됐다. 천문대에서 갑작스러운 천문 현상에 대해 보고할 때 전 세계 관측자들이 즉시 경보를 받을 수 있기에 이후로 보완하거나 후속적인 관측을 할 수 있다. 예를 들어 두 중성자별이 병합되면서 단 몇 초 동안 중력파 펄스가 지속되는 주목할 만한 새로운 현상이 감지되자, 이후 70여 개 관측소에서 모든 주파수대를 포괄하는 후속 데이터를 내보냈고, 1,000명의 저자들이 함께 여기에 대한 하나의 논문을 발표했다.

또 IT 기술은 과학을 민주화했다. 이제 세계 어디서든 정보와 데이터에 빠르게 접근할 수 있다. 천문학 분야에서 예를 하나 들어보자면, 팔로마 천문대의 망원경에서 찍힌 중요한 조사용 사진 건판들은 캘리포니아의 몇몇 보관소에 보관되어 있는데, 단 몇 개의 복사본만 만들어져 주요 천문학 센터에 배포되었다. 하지만 이제 조사용 사진은 오늘날 모든 것이 그렇듯이 디지털화되었다. 이제 학자들이 논문을 읽기 위해 군이 도서관에 갈 필요가 없는 것처럼, 오늘날 여러 분야의 과학자들은 디지털로 어떤 자료든 접근하거나 다운로드해 분석할 수 있다(물론 몇몇 제약은 존재한다. 예컨대 개인의 데이터를 사용하는 유전학이나 전염병학 프로젝트는 익명화될 필요성이 있다).

전통적으로 과학적 발견은 학술지에 발표된 후에야 과학 공동체의 관심을 받았다. 이런 관습은 17세기로 거슬러 올라간다. 1660년대에 왕립학회는《철학 회보》를 발간하기 시작했는데, 최초의 과학 저널인 이 학술지는 오늘날까지도 계속 이어지고 있다. 여기에 게재하는 논문 저자들은 '저술할 때 지나친 부연이나 편향, 과장하는 스타일을 거부하라'는 권고를 받았다. 그리고 이 저널은 아이디어를 비판하고 정제해 '공공의 지식'으로 성문화하는 '동료 심사'라는 절차를 처음 만들었다. 저널의 창립자이자 편집자는 헨리 올덴베르흐Henry Oldenberg라는 네덜란드 사람으로, 속표지에는 이 저널의 목표가 '전 세계의 여러 지역에서 지금 진행되는 기발한 작업, 연구, 노력에 대한 설명을 제공하는 것'이라고 기술되어 있다. 수세기에 걸쳐《철학 회보》는 아이작 뉴턴의 빛에 대한 연구, 벤저민 프랭클린의 번개 실험, 쿡 선장의 탐험 보고서, 알레산드로 볼타Alessandro Volta의 첫 번째 배터리 실험을 비롯해 오늘날까지도 근현대 과학 분야의 여러 업적을 출간했다.

하지만 그동안 많은 것이 바뀌기도 했다. 새로운 연구 논문을 저널에 발표하기 전에 웹사이트에 게시하는 일은 이제 일상적으로 행해진다. 나는 매일 아침 출근하기 전에 밤새 웹사이트에 게재된 천문학 논문들의 초록을 훑어본다. 특히 주목할 만하거나 논란이 되는 논문이 있다면 그날 전 세계 연구소에서 커피를 마시는 동안 대화거리가 되고 소셜미디어에서도 토론의 주제가 될 것이다.

하지만 논문의 품질 관리를 위한 동료 심사 절차는 경쟁과 상업적 압력, 24시간 돌아가는 미디어, 그리고 더 광범위한 국제적 연구의 규모와 다양성으로 인해 점점 더 많은 부담을 받고 있다(물론 과학 저널 자체도 오늘날에는 주로 전자 매체로 배포되고 있다). 중국의 몇몇 대학에서는 교수들이 명성 높은 국제 학술지에 논문을 게재하면 상당한 보너스를 받기도 한다. 이런 인센티브에 대응해 이제 더 철저하게 동료 심사를 한다고 주장하는 저널이 많아지고 있지만 실제로는 대개 상업적 사기이며, 돈을 받고 어떤 것이든 기꺼이 출간해주곤 한다. 또 인쇄된 저널을 출간하는 데 따르는 전통적인 절차가 답답할 정도로 느리다며 이 과정을 우회하고자 하는 흐름도 점차 커지고 있다.

1989년에는 당시 유타대학에서 연구하던 스탠리 폰스Stanley Pons와 마틴 플라이시먼Martin Fleischmann이 기자회견에서, 탁자에 올려놓을 수 있는 장치를 이용한 원자력 발전 방식을 개발했다고 주장하는 일도 벌어졌다. 개탄스럽지만 유명한 사건이었다. 물론 그것이 사실이라면 이 '상온 핵융합'은 당시 그 사건이 불러일으켰던 과장된 광고와 선전을 충분히 받을 만하다. 그것은 인류에게 불의 발견 이후 가장 중요한 돌파구로 손꼽혔을 것이다. 하지만 사람들은 의심하기 시작했다. 특별한 주장은 특별한 증거를 필요로 하는데, 두 사람이 내놓은 증거는 확고함과는 거리가 멀었다. 모순이 발견되었고, 사람들은 그들이 해냈다고 주장한 결과를 재현하지 못했다. 그래서 불과 1년 만에 결과가 잘못 해석되었다는 합의가 이뤄졌다(오늘날에도 여전히 일부 '믿는 사람들'이 있기는 하다).

상온 핵융합에 대한 주장은 과학계의 전통적인 연구 품질 관리법을 우회하기는 했지만, 폰스와 플라이시먼의 명성을 높여준 것 외에는 장기적으로 커다란 해를 끼치지는 않았다. 실제로 오늘날 유사한 사건이 발생한다면 인터넷 의견 교환을 통해 훨씬 더 빨리 합의된 판결이 나왔을 것이다. 논문이 광범위한 관심을 끌면 그것이 여러 사람에게 집단적으로 받는 비공식 조사는 어떤 공식적인 심사보다 더 엄격할 수 있다.

어쨌든 이 실패는 중요한 교훈을 준다. 오류를 선별하고 과학적 주장을 검증하는 과정에서 공개 토론이 중요하다는 점이다. 폰스와 플라이시먼이 만약 대학이 아니라 군사 작전을 수행하는 기관이나 상업적 기밀 실험실에서 일했다면 어떤 일이 벌어졌을까? 그곳 담당자들이 자기 기관의 과학자들이 놀라운 것을 발견했다고 확신했다면, 대중의 감시에서 벗어나 막대한 자원을 낭비하는 대규모 프로그램이 진행되었을 수 있다. (실제로 이런 낭비는 때로 군사 관련 실험실에서 더 많이 발생했다. 1980년대 미국 레이건 대통령이 실시한 '스타워즈 계획'*의 일환으로, 리버모어연구소의 에드워드 텔러와 로웰 우드가 주도한 '엑스선 레이저 프로젝트'**가 그런 예다.)

　　실제로 상업적인 세계에서는 의심스럽거나 심지어 거짓 주장이라 해도 그것을 과장해서 선전해야 한다는 압력이 엄청나다. 예를 들어 2015년 미국의 테라노스Theranos라는 회사는 작은 혈액 샘플을 신속하게 분석해 개인의 '질병 프로파일'을 진단하는 컴퓨터 칩 장치를 만들었다고 주장해 90억 달러의 투자금을 유치했다. 이 회사가 신뢰를 얻은 이유 중 하나는 매력적인 젊은 창업자 엘리자베스 홈스(그는 박사 학위도 마치지 않았다)가 정치적 영향력이 있는 유명인들을 설득해, 회사의 이사회에 명성과 신뢰를 빌려주도록 했기 때문이었다. 그렇게 홈스는 엄청난 과대 광고를 해서 부유한 유명 인사들로부터 투자금을 끌어모았다. 당시 부통령이던 조 바이든의 도움을 받아 새로운 사옥을 열기도 했다. 하지만 곧 일이 틀어졌다. 한 직원이《월스트리트 저널》의 기자에게 우려되는 바를 전달했고, 이 기사는

---

*　　날아오는 미사일을 레이저 등의 무기로 대기권 밖에서 파괴하고자 했던 미국의 국방 계획.
**　　우주에서 엑스선 레이저를 통해 핵미사일을 감지하려 했던 계획.

주가 급락을 촉발해 결국 홈스의 사임과 험악한 소송을 불러일으켰다. 2022년 1월 홈스는 사기죄로 유죄 판결을 받았다.

지금껏 논의했던 모든 사례에서 우리는 공통적으로 개방성과 토론을 촉진하는 게 바람직하다는 사실을 알 수 있다. 그래야 견고한 결론을 얻을 수 있고, 과학 스스로가 오류를 교정할 수 있다. 게다가 과학 그 자체나 그것의 상업적 가치가 아니라, 과학의 적용이 윤리적이고 안전한지의 여부가 논쟁이 되는 경우에는 훨씬 더 광범위한 논의가 필요하다. 중요한 원칙과 관련된 논의는 한 사회의 시민인 우리 모두에게 열려 있어야 하며, 물론 선출된 대표들도 참여시켜야 한다.

가끔 실제로 이런 논의가 건설적인 방식으로 이루어지기도 한다. 예컨대 영국에서는 의회 의원들과 지속적인 대화를 거치면서, 상이한 윤리적 입장 차에도 불구하고 배아 연구를 규제하는 (널리 칭찬받는) 법안이 만들어졌다. 철학자 메리 워녹Mary Warnock이 의장을 맡은 위원회에서는 '14일 미만'의 배아에 대해서만 과학 실험을 허용해야 한다고 제안했다. 그뿐만 아니라 영국은 줄기세포에 대한 널리 받아들여진 지침을 만들었는데, 이는 미국처럼 연방정부에서 자금을 지원할 경우(실험 금지)와 주정부나 민간 재단에서 자금을 지원할 경우(실험 허용)의 기준이 다른 것과는 아주 대조적이다.

　물론 영국에도 실패 사례가 있다. 유전자변형 작물에 대한 논쟁은 한쪽에는 친환경운동가들, 다른 한쪽에는 상업적 이득을 보려는 이들(특히 몬산토 사) 사이에 이미 의견이 극단적으로 갈린 상황에서 너무 늦게까지 미뤄졌다. 영국이 유전자변형 작물을 지나치게 제한하는 유럽연합의 규제에 얽매이지 않을 것이라는 게 브렉시트의 실질적 이점 중 하나이기도 했다. 유럽연합의 규제는 크리스퍼 유전자가위 기술을 금지하는 데까지 이어졌는데, 이 기술은 유전자의 좁은 범위를 대상으로 하며 유전자가 종을 뛰어넘어 옮겨지는 일은 없기에 상대적으로 반대가 덜한 편인데도 그랬다.

　생명윤리에 대한 토론에서 우리 대부분은 인도적인 타협과 절충을 위해 애쓰고, 입법이 확정되기 전에 찬반을 논의하는 것이 도움이 된다고 여긴다. 물론 그렇다 해도 종교인들이 절대주의적 입장을 취하곤 해서 문제가 되지만 말이다. 하지만 이런 경우에도 우리는 '사실'을 공정하게 제시해서 모든 관련자에게 평가받도록 할 수 있다. 예컨대 영국 의회에서 인간 배아 연구를 비롯해 '부모가 셋인 아기'를 만드는 기술에 대해 토론하는 동안, 일부 가톨릭 신자들은 인간의 특징을 가진 호문쿨루스*로 배아를 묘사하는 배너를 제작했다. 사실 임신 후 14일이 지나도 배아는 여전히 분화되지 않고 무정형으로 현미경에서나 보이는 세포 덩어리다. 과학자들은 이런 점을 확실히 지적하고, 사실에 대한 명백한 오해에 대응하기 위해 노력해야 한다. 물론 과학 지식이 풍부한 가톨릭 신자가 그런 사실을 인정하면서도 배아가 착상 때부터 영혼을 갖고 있으니 그대로 존중되어야 한다고 주장한다면, 화해의 여지가 없고 사실상 더 이상 가치 있는 논쟁을 위한 여지도 없겠지만 말이다. 한편 요즘에는 몇몇 생물학자들이 배아 연구를 제한하는 '14일'이라는 기간을 연장하고 규정을 완화하라고 압력을 가하는 중이다. 하지만 유감스럽게도 이런 주장이 워녹만큼 광범위한 합의를 이끌어낼 수 있을지는 의심스럽다.

1990년대로 돌아가면 MMR 백신(홍역·유행성이하선염·풍진 혼합백신)에 대한 근거 없는 두려움 때문에, 부모들이 아이들에게 이에 대한 면역력을 심어주지 못했던 사례가 있다. 그리고 슬프게도 오늘날에도 여전히 과학을 부정하는 충격적인 사건들이 목격된다. 대부분의 나라에 백신 반대 목소리를 내는 단체들이 있다. 2020년 초 코로나-19 팬데

---

*   중세 유럽의 의학 이론에서 정액에 들어 있다고 여긴 작은 인간.

믹은 긴급 상황이었고 과학적인 조언이 몹시 중요했지만, 처음에는 완전히 숙고할 시간이 없어 제한된 지식을 바탕으로 급히 조언이 이뤄질 수밖에 없었다. 그러나 이후 코로나-19 논쟁이 계속 언론에 등장하면서, 새로운 데이터가 점진적으로 불확실성을 해소해가는 모습을 모든 시민에게 보여주었다. (코로나-19에 대해서는 3장에서 더 자세히 다룰 예정이다.)

물론 우리는 모든 과학 이론이 어느 정도는 잠정적이고 임시적이라는 사실을 인정해야 한다. 새로운 실험·관찰 데이터가 나올 때마다 이론에 대한 재평가가 필요하기 때문이다. 하지만 오직 과학만이 지속적으로 중간중간 자기 교정을 약속할 수 있다. 내가 어렸을 때는 우유와 달걀은 언제나 좋은 식품으로 여겨졌다. 그러다가 10년 뒤에 우리는 그 안에 든 콜레스테롤을 조심해야 한다는 경고를 받았다. 하지만 오늘날 다시 두 식품은 어느 정도 괜찮은 것처럼 보인다(적어도 과도하게 섭취하지만 않는다면). 이렇듯 우리는 과학의 지침이 바뀐다고 해도 놀라지 말아야 한다. 과학이 다루는 문제가 아무리 일상적이고 익숙한 것이라 해도 여기에 대한 설명이 간단하고 단순하리라 여길 이유는 없기 때문이다.

과학은 여전히 우주와 우리 자신에 대한 사실을 발견하고 이해하기 위한 최고의 도구로 남아 있다. 그렇기에 중요한 건, 과학의 판단을 거스르는 것은 결코 좋은 생각이 아니라는 점이다. 더구나 인간의 생명(코로나-19 팬데믹의 경우)이나 지구 생물권의 미래(기후 위기의 경우)가 위태로울 때 그렇게 하는 건 말도 되지 않는다.

오늘날 우리는 정부의 결정 중 점점 더 많은 것이 과학적 증거를 포함하는 세상에 살고 있다. 최근의 팬데믹과 기후 변화가 우리 머릿속에서 어떤 문제보다 최전선에 있었던 것은 분명 사실이지만, 보건·에너지·환경에 대한 다른 정책들 역시 과학과 관련된 차원을 가진다. 그런데 이러한 정책들에는 경제적·사회적·윤리적 측면도 있다. 그리고 이런 측면에서는 과학자들도 전문가가 아닌 시민으로서만 발언할 수 있다.

그럼에도 대중이 참여하는 공개 토론이 단순히 구호를 외치는 수준을 넘어서려면, 모든 사람이 과대 선전이나 잘못된 통계에 휩쓸리지 않도록 과학에 대한 '감각'을 가질 필요가 있다. 환경에 미치는 영향과 관련해 방향을 잘못 잡은 기술의 압박이 더욱 다양해지고 위협적으로 바뀌면서, 적절한 토론의 필요성은 앞으로 더욱 절실해질 것이다. 이런 점에서 트럼프 대통령 같은 부류가 지배하는 시대에 닥칠 가장 무서운 결과 중 하나는 '팩트' 즉 사실의 죽음이다. 오늘날 '탈진실 시대'에 접어들어 신뢰할 만한 출처에 대한 합의가 거의 없어지는 상황에서, 우리는 갈릴레이로부터 영감을 얻어야 할지도 모른다. 갈릴레이는 지구가 태양의 궤도를 돈다는 것을 부인하도록 강요받은 뒤에도 나중에 '그래도 지구는 돈다'라고 중얼거렸다(출처가 다소 불분명한 이야기이기는 하지만). '그래도 지구는 돈다', 이것은 여러분이 무엇을 믿든 간에 '사실'은 항상 변하지 않고 그대로 남아 있다는 점을 상기시키는 슬로건과도 같다.

이렇게 경고하는 사람은 이전에도 있었다. 철학자 한나 아렌트Hannah Arendt는 저서 《전체주의의 기원》에서 미래를 예언하듯 이렇게 썼다.

"전체주의 통치의 이상적인 대상은 자신의 믿음을 확신하는 나치나 공산주의자가 아니다. 그보다는 사실과 허구의 구별(경험한 현실)이나 진실과 거짓의 구별(사고의 기준)이 더 이상 머릿속에 없는 사람들이다."

과학과 미디어

과학 저널리즘에
대하여

일반 대중에게 과학을 알린 성공적인 커뮤니케이션의 사례로 꼽히는 것이 1860년 다윈이 출간한 《종의 기원》이다.[3] 이 책은 당대 베스트셀러였다. 초심자도 쉽게 접근할 수 있었고, 심지어 문학적인 가치도 있었으며, 과학에 획기적인 기여를 했다. 하지만 이 책은 예외적인 사례였다. 대조적인 예를 들자면 그레고르 멘델이 1866년에 발표한 논문 〈식물 잡종에 대한 실험〉이다. 멘델이 자기가 일하는 수도원 정원에서 완두를 대상으로 했던 고전적인 실험에 대한 보고서였는데, 잘 알려지지 않은 학술지에 실리면서 수십 년 동안 제대로 평가받지 못했다. (다윈의 서재에도 이 학술지가 있었지만 개봉되지 않은 상태였다. 다윈이 현대 유전학의 토대를 마련한 멘델의 연구를 흡수해 익히지 못했다는 것은 과학계의 비극이다.)

  21세기 과학의 돌파구가 되는 지식들 또한 다윈의 경우처럼 설득력 있고 접근 가능한 방식으로 일반 독자에게 제시될 것 같지는 않다. 아이디어가 수학적 언어로만 완전히 표현될 수 있을 때 특히 장벽이 높다. 예컨대 아인슈타인의 통찰력이 그토록 우리 문화에 스며들어 있어도 그의 논문을 읽는 사람은 거의 없다. 사실 이런 장벽은 이미 17세기부터 수학을 많이 사용하는 과학에 존재했다. 수학이 많이 쓰이고 라틴어로 작성된 뉴턴의 위대한 저서 《프린키피아》는 에드먼드 핼리Edmund Halley나 로버트 훅 같은 저명한 동시대 학자들도 읽기 힘들었다. 그러니 일반 독자들은 영어판이 등장했을 때조차도 이해하기 힘들었을 것이다. 그래서 과학을 보급하려는 사람들은 나중에 뉴턴의 아이디어를 사람들이 좀 더 접근 가능한 형태로 정제했다. 예컨대 1736년에 베네치아의 과학자 프란체스코 알가로티Francesco Algarotti는 《숙녀들을 위한 뉴턴의 사상》이라는 책을 출판했는데, 이 책은 빠르게 영어로 번역되었다.

사람들이 과학을 이해하지 못하게 가로막는 것은 전문적인 용어나 공식 등이다. 하지만 이러한 장애물이 있더라도 그 본질은(비록 그것을 지지하는 논증은 제외된다 해도) 대개 능숙한 과학 커뮤니케이터들이라면 대중에게 전달할 수 있다. 물론 이런 경우에는 일반적으로 수학 방정식을 피할 필요가 있지만 그것만으로는 충분하지 않다. 특히 생물의학 분야에서는 이해하기 어려운 전문 용어를 피해야 한다. 또 과학자들이 일상적인 용법과 다른 특수한 맥락에서 익숙하게 쓰는 용어도 일반인들에게는 당황스러울 수 있다. 이를테면 퇴화degenerate('축퇴'라고도 한다), 끈string, 색깔colour 같은 단어들이다. 또 다른 예를 들자면, 기후과학자들은 여분의 이산화탄소로 인해 야기된 온난화가 수증기 증가, 구름양의 변화 등으로 더욱 증폭될 수 있다고 계산하는데(1장 참조), 이런 위험한 과정을 '양의(긍정적인) 피드백'이라고 한다. 하지만 일반 독자들에게는 이 말이 반대로 긍정적인 의미(여러분이 어떤 일을 한 뒤에 듣고 싶어 하는 말처럼)를 지니기 때문에 혼란을 일으킬 수 있다.

이렇듯 전문가를 위한 글과 일반 독자들이 접근할 수 있는 내용 사이의 격차가 점점 커지고 있다. 오늘날 전 세계에서 말 그대로 매년 수백만 편의 과학 논문이 출판되는데, 이 논문들은 동료 전문가를 대상으로 하며 대개 읽는 사람의 수가 매우 적다. 이 방대한 1차 문헌을 선별하고 통합하는 과정이 없으면 전문가조차도 관련 지식을 따라갈 수 없을 정도다. 게다가 오늘날에는 직업적인 과학자라 해도 자신의 전문 분야를 벗어나면 암울할 정도로 문외한이다. 확실히 왕립학회가 설립되던 17세기의 박식가들과는 대조적인 면모다. 나 자신을 예로 들더라도 최근 생물학 분야에서 어떤 진보가 이뤄졌는지에 대한 지식은 사실 훌륭한 대중서나 언론을 통해 얻는다. 과학 작가들과 저널리스트들이 이 중요하면서도 어려운 일을 하는 셈이다(나는 내가 잘 이해한다고 생각하는 것에 대해 명료한 언어로 설명하는 일이 얼마나 어려운지 쓰라린 경험을 통해 알고 있다). 하지만 과학 저널리스트들은 종종 빠듯한 마감 시간 안에 새로운 주제를 익혀서 전달해야 한다는 훨씬 더 큰 도전과제를 안고 있다. 방송인들은 마이크나 텔레비전 카메라 앞에서 주저하거나 중언부언 헤매지 않고 일정이 촉박한 방송을 해야 할 수도 있다.

과학 이슈가 신문의 헤드라인에 오르거나 텔레비전 뉴스 속보를 타는 것은 자연재해나 염려스러운 보건 관련 문제 때문이지, 그 자체로 기사화되는 경우는 드물다. 코로나-19 팬데믹이 발생하기 전에는 속보에 오르는 일도 거의 없었다. 하지만 소설가나 작곡가가 자신의 새로운 작품이 뉴스 속보를 타지 못한다고 불평하지 않듯이, 과학자들 역시 불평하지 말아야 한다. 언론에서 보도하는 내용은 '뉴스 가치가 있는' 항목으로 제한되어 있다. 선명한 메시지를 전달하는 새로 발표된 결과라든지, 화성에 착륙한 탐사선처럼 화려한 업적이 그렇다. 그런데 이런 경향은 과학이 일반적으로 발전해 나가는 방식을 왜곡해서 받아들이게 하기도 한다.

사실 과학 분야의 주제는 다큐멘터리나 특집 방송에 더 적합하다. 지상파 텔레비전 채널들은 여러 잠재적인 시청자들을 거느리지만 제이컵 브로노프스키Jacob Bronowski의 고전적인 다큐멘터리 〈인간 등정의 발자취〉(BBC)라든가 칼 세이건Carl Sagan의 〈코스모스〉(PBS) 같은 프로그램은 제작하지 않으려 한다(둘 다 1970년대에 만들어진 고전적인 13부작 다큐멘터리 시리즈다). 돈이 되어야 한다는 상업적인 압박과 시청자들이 광고 휴식기 전에 채널을 돌릴 수도 있다는 우려 때문이다. 이런 상황에서 넷플릭스, 디스커버리, 아마존 같은 대규모 상업 채널이 이 분야에 진출한 것은 다행스러운 일이다. 뛰어난 동물학자이자 영화감독인 데이비드 아텐버러조차도 (적어도 부분적으로는) BBC를 떠났다. 하지만 짐 알칼릴리Jim Al-Khalili, 앨리스 로버츠Alice Roberts, 닐 타이슨Neil Tyson 등이 주도하는 훌륭한 프로그램들은 아직 건재하다. 또한 인터넷은 더욱 전문화된 콘텐츠를 위해 틈새시장을 열어준다. 웹캐스트와 팟캐스트도 성행한다.

만약 내가 전문가 동료들하고만 천문학에 대해 논의할 수 있다면 연구에 대한 만족감이 떨어질 것이다. 나는 비전문가들과도 천문학의 아이디어라든지 우주의 신비와 경이로움을 즐겨 나눈다. 게다가 조금 어설프다 해도 이런 종류의 의사소통을 하려는 시도는 과학자 스스로에게도 유익하며, 자신의 연구를 멀찍이 원근법으로 볼 수 있도록 돕는다. 이미 강조했듯이 연구자들은 보통 거창한 목표를 직접

겨냥하지는 않는다. 천재가 아니라면(또는 괴짜가 아니라면), 그러는 대신 시의적절하고 한입 크기의 좀 더 작은 문제에 초점을 맞춘다. 그것이 성과를 내는 방법이기 때문이다. 물론 여기에는 직업적인 위험이 따른다. 한 가지 문제에 날카롭게 집중하다 보면 눈가리개를 쓴 것처럼 시야가 좁아질 수 있고, 조금씩 기울이는 단편적인 노력도 근본적인 문제 해결을 위한 하나의 단계로서 가치가 있다는 사실을 잊을 지도 모른다.

1964년 미국의 벨연구소에서 일하던 무선 엔지니어 아노 펜지어스Arno Penzias와 로버트 윌슨Robert Wilson은 예상치 못하게 20세기의 위대한 발견 중 하나를 해냈다. 우주 전체에 퍼져 있는 듯 보이는 빅뱅의 흔적인 약한 마이크로파를 탐지했던 것이다. 하지만 윌슨은 자기가 비둘기 배설물을 긁어내 장비를 최적화하는 등의 일상적인 작업에 집중한 나머지 당시에는 자신이 해낸 일의 중요성을 제대로 깨닫지 못했다고 말했다. 그러다 나중에 《뉴욕타임스》에서 과학 작가 월터 설리번Walter Sullivan의 대중적인 글을 읽고서야 비로소 그 전체적인 중요성을 알아차렸다. 설리번은 윌슨의 라디오 안테나에 잡힌 이 배경 소음을 '창조의 잔광'이라고 묘사했다.

과학적 발견을 하는 사람들이 모두 윌슨만큼 운 좋게

자신의 칭송자를 만나게 되는 것은 아니다. 그러므로 자신의 견해를 왜곡되지 않게 전달하는 가장 좋은 방법은 스스로 쓴 글이나 책을 통해서다. 실제로 몇몇 저명한 과학자는 성공적인 작가이기도 했다. 하지만 우리 대부분은 글쓰기를 싫어한다. 물론 요새 학생들은 나처럼 이메일이나 블로그를 사용하지 않던 세대에 비해서는 훨씬 글쓰기에 능숙하지만 말이다(더 유식한 건 아니라 해도). 또 아주 운이 좋아서 우리의 견해가 '미디어 스타'의 손을 타고 증폭되어 퍼지는 게 아니라면, 직접 쓴 글은 비록 더 적은 수이긴 해도 독자들에게 가 닿는다. 과학책을 저술하는 성공적인 작가들 중 다수는 활동적인 연구자라기보다는 내용을 통합해서 전달하는 통역가에 가깝다. 예를 들어 빌 브라이슨Bill Bryson은 수백만 명의 독자를 거느린 두 권의 저서[4]에서 '거의 모든 지식'과 '인간의 몸'에 대한 자신의 열정과 흥미를 놀라운 방식으로 전달했다. 또 여러 분야에 박식한 저널리스트 필립 볼Philip Ball은 양자역학의 기묘함부터 고대 중국의 수도 시설에 이르기까지 다양한 주제와 엄청난 범위에 걸친 책과 기사들을 썼다.

그러는 한편 과학자들은 습관적으로, 자기가 다루는 주제에 대한 대중의 지식이 보잘것없다고 한탄한다(예컨대 미국의 정기 여론조사에 따르면, 2020년이 되어서야 미국인 가운데 다윈의 이론을 받아들이는 비율이 처음으로 50퍼센트를 넘었다![5]). 하지만 어쩌면 우리 과학자들이 지나치게 불만이 많은지도 모른다. 오히려 과학자들은 사람들이 공룡이나 외계 생명체, 제네바의 대형 강입자 충돌기나 제임스 웹 우주망원경(다음 절 참조) 같은 서로 동떨어진 주제에 대해 광범위하게 관심을 갖고 있다는 점에 놀라고 감사해야 한다. 몇몇 시민들이 양성자proton와 단백질protein을 철자가 비슷해 혼동한다는 건 정말 슬픈 일이지만, 그들이 자국의 역사에 무지하거나 지도에서 타이완이나 우크라이나의 위치를 짚을 수 없다 해도 유감인 건 마찬가지다. 그런 사람들은 꽤 많다.

다윈이나 공룡에 대해 사람들이 오해한다면 지식이 부족한 것일 뿐 그 이상은 아니다. 하지만 의료계에서는 '가짜 뉴스'가 생과 사를 넘나드는 문제로 번질 수 있다. 어떤 병에 대한 기적의 치료법이 있다는 주장 때문에 잘못된 희망을 갖게 되는 잔인한 예가 그렇다. 또 코로나-19 백신이 그랬듯이 사람들이 과장된 두려움을 품으면 의료 관련 선택이 왜곡될 수 있다. MMR 백신의 위험성에 대한 주장처럼 특정 관점을 보도할 때 기자들은 그 주장이 널리 지지되는 것인지, 아니면 99퍼센트의 전문가가 이의를 제기하고 있는지를 명확히 해야 한다. 물론 시끄러운 논쟁이 펼쳐진다 해서 꼭 그것이 균형 잡힌 주장이라는 의미는 아니다. 때로는 지배적인 주장이 완패하고, 별난 이단아처럼 보였던 주장이 정당성을 얻기도 한다. 우리는 이런 일이 벌어지면 즐겨 구경하지만 그런 사례는 사람들이 흔히 생각하는 것보다 드물다. 최고의 과학 저널리스트와 블로거들은 어떤 새로운 주장의 질과 신뢰도를 측정할 수 있는 광범위한 네트워크에 연결되어 있기 때문이다.

과학자들은 언론의 정밀 탐사를 반기고 기대해야 한다. 우리 가운데 상당수가 매료되는 분야이거나 우리 모두에게 중요한 문제에서 과학자들의 전문성은 아주 중요하다. 이런 사례가 코로나-19 팬데믹 기간 동안 전례 없는 규모로 일어났다. 엄청난 중압감 속에서도 과학자 공동체의 구성원들은 그야말로 실력 발휘를 했다. 서로를 존중하며 반대 의견을 피력했고, (자국의 정치 수장들과는 달리) 국경을 넘어 터놓고 협력했다. 과학자들은 과학이 제공하는 종합적인 전망을 분명히 보여주는 일에 주저해서는 안 된다. 그것은 자연을 이해하는 끝없는 탐구 과정인 동시에 우리의 생존에 필수적이다.

과학 저널리즘에는 예전부터 이어지는 강력한 전통이 있다. 하지만 장애물 역시 존재한다. 기자들이 아무리 헌신적이라 해도 그들 가운데 최고 편집자의 직위에 있는 소수만이 과학 분야에 대한 제대로 된 경험과 배경을 가졌다.

작가이자 물리화학자였던 찰스 퍼시 스노C. P. Snow가 60년 전에 확인했던, 과학과 인문학이라는 '두 문화' 사이의 장벽은 오늘날에는 어느 정도 사라졌다(물론 그 시절에는 외부로부터 격리된 학계에서 실제로 흔했다). 몇몇은 이런 '문화'가 사회과학으로 확장되어 이어진다고도 주장한다. 하지만 여전히 '분열'이 존재한다. 교양 있는 식자층을 대상으로 한 언론 매체의 편집자들조차 자기네 독자들이 웬만한 학교 졸업생들이 갖췄으리라 기대되는 수준의 과학 지식을 모두 가졌으리라 여기지는 못한다. 반면에 같은 매체에서도 경제 기사들은 꽤 난해하며, 클래식 음악 비평가들(슬프게도 거의 사라져 가는 족속인)은 어떤 기사에서 '협주곡'이 무엇인지 설명하려 들면 독자들을 모욕한다고 생각할 것이다. 양질의 언론 매체를 접하는 독자들 가운데 절반쯤은 학교를 졸업한 뒤에도 과학을 공부했거나 공학·기술 관련 직업에 종사할 가능성이 높지만, 언론 매체를 끌고 가는 사람들은 대개 그런 기초 지식이 압도적으로 부족하다. 물론 이런 현상은 다음 장에서 다룰 전통적인 교육의 과도한 전문화와 계층화의 유산이기도 하다.

정계에서 자문 역할을 하는 과학자들도 이와 비슷한 '문화적 격차'에 직면해 있다. 영국이나 미국 정계에 공학·기술 교육을 받은 사람들이 더 많이 진출한다면 분명 이득일 것이다. 하지만 나는 중국이나 싱가포르처럼 기술관료들이 가득 찬 정부를 옹호하는 의견에는 전적으로 동의하지 않는다. 그들은 전문지식이 깊을 수는 있지만 어떤 개인도 과학의 한 하위 분야를 넘어서 지식을 확장할 수는 없다. 사실 나는 대학을 졸업한 고위 각료들이 치의학보다는 역사 전공자인 게 더 낫다고 생각한다. 영국에서 내가 관찰한 바로는, 과학 정책에 가장 효과적으로 영향을 미친 정치인이나 오피니언 리더들은 대개 어떤 분야의 전문가이기보다는 '제너럴리스트'인 경우가 많았다.

과학의 한계와 21세기의 과제

과학의
최전선들

우리는 모두 과학이라는 '공공' 문화에 관심을 가져야 한다. 과학에 대한 낙관주의가 절정에 달한 시대는 아마 제2차 세계대전 직후였을 것이다. 미국에서는 공학자였던 배너바 부시Vannevar Bush가 1945년에 발표한 고전적인 보고서 〈과학: 끝없는 프런티어〉를 통해, 트루먼 대통령에게 넓은 전선에 걸친 과학에 대한 공적자금 지원의 사례를 제시했다. 영국에서는 제2차 세계대전에 결정적인 기여를 했을 뿐 아니라 (찰스 퍼시 스노의 말을 빌리자면) '미래를 직관적으로 느꼈던' 과학기술자들이 '권력의 회랑'을 배회했다. 이들은 특히 해럴드 윌슨에게 영향을 미쳤다. 1964년 윌슨이 영국의 총리가 되었을 때, 그는 '기술 혁명의 빛나는 열기'를 찬양하는 유명한 연설을 하기도 했다.

만약 영국이 1851년의 대영박람회나 1951년의 대영박람회 100주년 기념제의 후속 축제를 개최한다면 어떤 볼거리가 있을지 생각해보는 것도 흥미로울 것이다. '혁신'에 대해 연구하는 역사학자 안톤 호위스Anton Howes는 다음과 같이 추측했다.

> 그 박람회장은 방문객들이 실제로 배달용 드론을 눈으로 보고, 무인 자동차를 타고, 최신 가상현실 기술을 체험하고, 프로토타입 증강 현실 장치를 즐기며, 장기 조직과 금속, 전자제품이 3D프린터로 출력되는 모습을 목격하며, 산업용 생산 로봇이 작동하는 것을 볼 수 있는 장소가 될 것이다. 또 방문객들은 먹을거리 가판대에서 실험실 배양육을 맛보고, 멸종 위기에서 되살린 복제 동물들을 만나며, 공장에서 사용되는 외골격 옷을 착용하고, 제트 슈트를 입고 비행하며, 최신 의학 발전을 경험한 사람들의 패널 인터뷰를 들을 수 있으리라. 그뿐만 아니라 모든 방문객이 볼 수 있도록 커다란 화면으로, 최신 기술을 응용한 상업적 우주 발사 장면이 박람회 행사와 동시에 생중계될 것이다.[6]

이것은 정말 장관일 테고, 여기에 경외심을 갖고 바라보는 대중에게 활력을 불어넣을 것이 분명하다. 하지만 이 새로운 돌파구가 주었던 영향에 대해서라면 1950년대부터 1960년대까지는 열광적으로 여겼겠지만 오늘날에는 양면성을 가졌을 것으로 생각한다. 이후의 과학적 발전은 놀라운 공학 기술의 기초가 되었지만 동시에 새로운 위험을 야기하고, 새로운 윤리적 문제를 제기했기 때문이다. 실제로 상당수 사람들은 과학이 지나치게 빨리 '고삐 풀린 듯' 발전하면 정치나 일반 대중 모두 그것을 소화하거나 대처할 수 없을 것이라 걱정한다. 위험 요인은 정말 높아지고 있다. 과학은 엄청난 기회를 제공하기는 하지만, 미래 세대는 우리 문명의 존립 자체가 위태로워질 만큼 강력한 기술에 취약해질 것이다. 그중에서도 가장 큰 문제인 생명공학과 사이버 기술의 오용에 대해서는 1장에서 간략하게 살폈다. 사람들은 과학에 대해 어느 정도 알고 인류의 미래를 걱정하는 일원으로서 염려를 표한다.

소설가 아서 C. 클라크는 "충분히 발전한 기술은 마법과 구별할 수 없다"고 말한 적이 있다. 이제 우리는 로마인이 오늘날의 위성 내비게이션이나 스마트폰을 상상할 수 없는 것보다 더 심하게, 몇 세기 뒤 어떤 인공물이 등장할지 머릿속에 그리기 힘들다. 하지만 그럼에도 물리학자들은 미래에 가능할 것이라 여겨지는 몇 가지 혁신은 영원히 소설 속에서만 가능할 것이라고 주저 없이 주장할 것이다. 예컨대 천문학을 연구하는 과학자로서 나는 타임머신에 대해 자신 있게 그렇게 말할 수 있다. 그 이유는 과거를 변화시키면 역설(패러독스)로 이어지기 때문이다. 만약 유아 살해가 이뤄졌는데 요람에 있는 피해자인 유아가 여러분의 할머니라면, 윤리적으로뿐만 아니라 논리적으로도 어긋날 것이다. 그렇다면 이렇듯 영원히 불가능한 것과, 비록 지금은 미친 얘기처럼 들리지만 결국 실현될 수도 있는 아이디어를 어떻게 구별할 수 있을까? 우리가 얼마나 많이 예측할 수 있는지에 한계가 있을까? 영원히 우리를 곤혹스럽게 할 과학적 문제들, 인간의 이해 범위를 초월하는 현상들이 존재할까?

아인슈타인은 "우리가 우주에 대해 이해할 수 있다는 것이야말로 우주에서 가장 이해하기 힘든 사실"이라고 단언했다. 아인슈타인이 이렇게 경탄한 것도 그럴 만하다. 우리 인류의 마음은 아프리카 사바나의 삶에 대처하기 위해 진화했다. 그렇지만 동시에 원자로 이뤄진 아주 작은 세계와 광대한 우주까지 이해할 수 있다. 우리는 우주가 무정부 상태가 아니라는 사실에 놀라워한다. 같은 원자가 실험실 안에서도, 먼 은하에서도 동일한 법칙을 따른다. 우주에 대한 우리의 시야는 엄청나게 넓어졌다. 태양은 우리은하에 있는 1,000억 개의 항성 가운데 하나이며, 우리은하 역시 우리가 망원경으로 볼 수 있는 범위 안에 존재하는 수많은 은하들 중 하나다. 그리고 이 모든 파노라마는 거의 140억 년 전으로 거슬러 올라가는 뜨겁고 밀도 높은 시작점에서 비롯했다. 초기 우주에 대한 몇몇 추론은 지질학자들이 지구의 역사에 대해 말해주는 것만큼이나 증거에 기반을 두고 있다. 우리는 우주가 팽창한 후 처음 몇 초 동안, 심지어 빅뱅 이후 1마이크로초 동안 얼마나 뜨겁고 밀도 높은 물질이 존재했는지에 대해 꽤나 자신 있게 정확한 진술을 할 수 있다. 하지만 과학에서 항상 그렇듯이, 각각의 발전은 이전에는 제기될 수 없었던 몇 가지 새로운 질문에 초점을 맞춘다. 오늘날 우리는 이제 바로 그 시작점이 가진 미스터리에 직면하고 있다(실제로 그것이 존재했다면).

물론 시간상 멀리 떨어져 있고 추측에 기반을 둔 주제에 집중하는 것은 방종에 가까울 수도 있다. 하지만 시간과 공간의 기반을 이루는 본성과 우주 전체의 구조는 확실히 과학의 위대한 '활짝 열린 최전선'에 속한다. 그것들은 우리가 여전히 진리를 더듬어 찾고 있는 지적 영역의 예다. 고대 지도 제작자들이 그랬듯이, 우리는 이런 영역에 '여기 용이 있다'라고 새겨야 한다.* 만약 물리학 분야에서 대통일 이론이 나온다면, 만유인력이 보편적인 힘이라는 사실을 확인

---

* 지도상 미지의 영역에 용이나 바다괴물의 삽화를 넣었던 관습을 말한다.

한 뉴턴에서 시작해 전기력과 자기력이 밀접하게 연관되어 있다는 사실을 보여준 패러데이와 맥스웰, 그리고 그 후계 자들로 이어지는 연구 프로그램이 완성될 것이다. 그것은 심지어 자연의 모든 복잡성을 기하학으로 환원하는 피타고 라스의 비전을 실현할지도 모른다. 우리가 그러한 이론을 갖게 되어야만 비로소 천문학의 가장 깊은 미스터리 중 하 나도 이해할 수 있다. 은하계를 점점 가속하는 속도로 밀어 내는 빈 우주 공간에 '암흑 에너지'가 숨어 있다는 현상 말 이다. 그리고 우리 후손들은 우리가 아직 제대로 된 말로 표 현할 수 없는 질문들을 다루어야 할 것이다. 그것은 미국의 정치인 도널드 럼즈펠드의 말처럼 '미지의 잘 모르는 것들 unknown unknowns'에 대한 질문이다(럼즈펠드가 전문적인 철학자 가 아니라니 유감이다!).

아인슈타인 자신은 죽는 날까지 통일장 이론을 연구 했지만 수포로 돌아갔다. 돌이켜보면 아인슈타인의 이런 노력은 너무 일렀다. 당시는 아원자 세계를 지배하는 힘과 입자에 대해 알려진 지식이 너무 적었기 때문이다. 냉소주 의자들은 아인슈타인이 1920년대부터는 연구실에 있는 대 신 낚시를 다녔다고 말하지만, 그가 자신이 이해할 수 없는 것에 대해 인내심을 가졌던 방식에는 고귀한 무언가가 있 었다. (이와 비슷하게 분자생물학계의 추진력 있는 지성인이었던 프랜

시스 크릭Francis Crick도 60세 이후, 자신이 정상 근처에 결코 갈 수 없다는 사실을 알면서도 의식과 뇌에 대한 '에베레스트를 등반하는' 문제로 탐구 주제를 전환했다.)

과학의 누적적인 발전은 새로운 기술과 도구를 필요로 하며, 여기에는 물론 이론과 통찰이 공생해야 한다. 스위스 제네바에 있는 유럽입자물리연구소(CERN)의 대형 강입자 충돌기(LHC)는 전 세계에서 가장 커다란 과학 기기다. 2009년 완공된 LHC는 시끌벅적한 활동으로 대중의 폭넓은 관심을 불러일으켰지만, 동시에 이렇듯 난해해 보이는 과학 분야에 왜 그토록 많은 금액이 투자되었는지에 대한 의문도 제기되었다. 하지만 이 분야의 특별한 점이 있다면, 여러 나라의 과학자들이 유럽을 중심으로 협력하며 하나의 거대한 기기를 제작·운영하기 위해 거의 20년에 걸쳐 자신들의 자원 대부분을 투입하기로 선택했다는 것이다. 또 이 기기에 대한 연간 기부액이 유럽 국가에서 학술적 과학에 대한 예산의 약 2퍼센트에 불과하기 때문에, 매우 도전적이고 근본적인 분야에 불균형적으로 할당된 것으로 보이지는 않는다.

이런 규모에 필적하는 유일한 과학 프로젝트가 있다면 2021년 발사된 제임스 웹 우주망원경(JWST)일 것이다 (주로 NASA에서 진행하는 프로젝트지만 유럽과 캐나다도 참여했다).

이 망원경은 최초의 항성들이 언제 어떻게 형성되었는지를 밝히면서 이전의 망원경들보다 더 깊은 우주까지 탐사할 예정이고, 그에 따라 더 먼 과거까지 들여다볼 것이다. 또 항성 주위를 도는 행성에서 나오는 희미한 적외선 복사를 감지해 그곳에 생명체가 존재할지에 대한 스펙트럼상의 증거를 찾을 것이다. 이렇듯 자연의 가장 근본적인 미스터리를 탐구하고 기술력을 한계까지 밀어붙이는 아주 도전적인 프로젝트에서 성공적인 국제 협력이 이루어졌다는 점은 확실히 우리 인류 문명이 자부심을 가질 만하다.[7]

그뿐만 아니라 지상의 거대한 망원경이나 컴퓨터 네트워크 같은 다른 '거대과학'의 모험 역시 입자 가속기나 우주 탐사선만큼 인상적이다. 하지만 내가 보기에 정말 놀라운 것은 '라이고'(LIGO, 레이저 간섭계 중력파 관측소)라고 불리는 장비다. 이것은 서로 4킬로미터 거리를 두고 고정된 거울 사이에 빛을 반사하는 레이저 기기다. 이 기기는 우주의 '잔물결'인 중력파가 거울을 통과할 때 두 거울의 거리에서 나타나는 작은 변화를 감지하도록 만들어졌다. 라이고가 가동되기 시작한 것은 2015년부터였다. 중력파는 항성의 폭발이라든지 블랙홀 간의 충돌 같은 극단적인 천문학적 사건으로 생성된다. 아인슈타인의 일반 상대성 이론에 의해 결정적이고 두드러지게 예측되는 현상이기도 하다. 이런 중력파가 지구에 도달할 때 예측되는 진폭은 매우 작은데, 지구에서 센타우루스자리 알파에 도달할 만큼 긴 끈이 머리카락 굵기만큼 늘어나는 것과 비슷하다. 10^{21}분의 1이다. 중력파를 연구하기 위해 미국이 주도하는 이 놀라운 국제 프로젝트는 과학 기기의 설계자와 제작자들이 이론가보다 더 많은 공을 세웠다고 할 만한 극단적인 사례다.[8]

오늘날 우리는 과학의 두 최전선이 예전보다 더 강하게 연결되는 모습을 목격하고 있다. 매우 큰 우주와 매우 작은 양자 세계가 그것이다. 하지만 과학자들 가운에 극소수만이 천문학자이거나 입자물리학자다. 이들을 제외한 99퍼센트의 과학자들은 제3의 최전선인 매우 복잡한 영역에 노력을 쏟는다. 우리의 일상 세계도 우주나 양자 못지않게 벅찬 지적 도전과제들을 제시한다. 그런데 라이고에서 실험하는 과학자들이 10억 광년 떨어진 곳에서 충돌하는 블랙홀에 대해 자신 있게 이야기하는 것에 비하면, 우리 모두가 관심을 갖고 있는 식단이나 일반적인 질병 같은 밀접한 문제에 의학자들이 쩔쩔맨다는 점은 이상해 보일 수도 있다. 하지만 그럴 수밖에 없는 것이, 우리의 '생활 환경'이 매우 복잡하기 때문이다. 아무리 작은 곤충이라 해도 원자나 항성보다 훨씬 복잡하게 켜켜이 쌓인 구조의 층을 가진다.

과학에 대해 이야기할 때 흔히 고층 건물로 비유하는

것은 잘 알려진 표준적인 비유다. 1층에 물리학이 있고, 그 위에 차례대로 화학과 세포생물학을 쌓은 다음 심리학까지 올라가고, 꼭대기 층에 경제학이 자리한다. 이와 비슷하게 원자에서 분자, 세포, 유기체로 나아가는 복잡성의 층을 쌓을 수 있다. 하지만 이 비유는 결정적인 측면에서 실패한다. 건물에서는 기반이 불안정하면 그 위의 모든 것이 위태로운 법이다. 반면에 복잡한 시스템을 다루는 '높은 수준'의 과학은 기반이 불안정하다고 위태롭지는 않다. 아원자 물리학에 불확실성이 존재한다 해도 생물학자나 환경보호론자들과는 무관하다. 물이 어떻게 흐르는지, 다시 말해 격류가 왜 생기는지, 파도가 왜 부서지는지를 연구하는 사람들에게 물 분자가 H_2O라는 사실은 상관이 없다. 앨버트로스라는 새가 남쪽 바다에서 1만 마일을 배회하다가 둥지로 돌아오는 행동은 예측이 가능하다. 그렇지만 아무리 이론상으로라도 앨버트로스를 원자의 집합체로 간주한 다음 이 행동을 '아래에서 위로' 계산하는 건 불가능하다.

물론 부서지는 파도든 이주하는 새든 열대의 숲이든, 모든 것은 아무리 복잡해도 양자물리학의 방정식을 따르며 또 원자로 구성되어 있다. 우리 대부분은 복잡한 시스템의 특성이 '창발적'(별도의 어떤 필수적인 '활력'이 그 내부의 상호작용으로부터 자연스레 생겨난다는)이라고 생각한다는 의미에서 '환원론자'이지만, 그러한 방정식들이 복잡한 거시적 실체에 대해 성립한다 해도 과학자들이 추구하는 깨달음을 제공하지는 않을 것이다. 각각의 과학 분야는 진정한 통찰력과 예측력을 산출하는 자체적인 개념과 법칙을 가지고 있다. 환원주의는 자연의 복잡성을 이해하는 경로가 아니다. 생물학, 환경, 인간 과학의 문제들이 해결되지 않은 채로 남아 있는 것은 그 복잡성을 설명하기 어렵기 때문이지, 우리가 아원자 물리학을 충분히 이해하지 못해서가 아니다.

만약 나더러 과학의 최첨단 기술이 어느 곳에서 가장 빨리 발전할 것인지 추측하라고 한다면, 생물학과 컴퓨터, 공학 사이의 접점을 들고 싶다. 합성생물학자들은 게놈의 서열을 읽을 뿐만 아니라 머지않아 새로운 게놈을 디자인하는 것을 목표로 할 것이다. 그리고 급성장하는 또 다른 분야인 나노 기술은 무기물의 구조를 원자 단위로 쌓아 올려 컴퓨터 처리와 기억 능력을 향상시키는 훨씬 소형의 장치를 만드는 것이 목표다. 그러면 미세한 크기의 로봇이 나올 수 있다(이런 로봇으로 사람의 혈관을 이리저리 돌아다니는 것도 가능하다). 특히 컴퓨터는 앞서 언급했듯이 천문학이나 기후과학처럼 실제로 실험을 할 수 없는 분야에서 이미 큰 변혁을 몰고 오는 중이다. 콘솔의 성능이 강력해질수록 비디오 게임이 더 정교해지는 것처럼, 이러한 '가상 실험'은 컴퓨터가 발전함에 따라 점점 더 현실에 가까워진다. 그뿐만 아니라 양자 컴퓨터는 몇몇 문제의 판도를 바꿔놓는다.

행성의 궤도 같은 몇몇 현상은 먼 미래까지 계산될 수 있다. 하지만 그러한 사례는 사실 이례적이다. 대부분의 맥락에서 우리가 예측할 수 있는 범위에는 근본적인 한계가 있다. 그것은 작은 우연이 기하급수적으로 증폭되는 결과를 낳기 때문이다. '카오스 이론가'들이 제시한 고전적인 사례는 남아메리카에서 나비 한 마리가 날개를 퍼덕이면 북반구에서 폭풍우가 발생할 수도 있다는 '나비 효과'다. 그래서 아무리 세밀하게 계산한다 한들 며칠 뒤의 날씨를 정확히 예측할 수는 없다(하지만 덧붙여야 할 중요한 사실은, 이런 점이 장기적인 기후 변화 예측을 방해하지 않는다는 것이다. 예컨대 내년 1월이 7월보다 추울 것이라고 자신 있게 말하기가 어려워지지는 않는다). 즉 컴퓨터의 성능이 아무리 강력해지더라도 미래의 세부 정보에 대한 예측에는 한계가 있다.

앞서 1장에서 미래에 대한 몇 가지 예측을 제시하기는 했지만, 그 밖에 이번 세기 후반과 그 이후의 전개에 대해 우리가 추측할 수 있는 사실이 더 있을까? 내가 첫 번째로 들고 싶은 것은 인류의 미래 그 자체다. 수천 년 동안 거의 변하지 않은 한 가지가 있다면 인간의 본성과 특성이다. 하지만 머지않아 새로운 인지 개선 약물, 유전학, 사이보그 기술이 등장해 인간 자체를 변화시키거나 향상시킬 수 있을 것이다. 이것은 그동안의 인류 역사에서 질적으로 새로운 요소다. 하지만 수명 연장(1장 3절 참조) 같은 선택지가 소수의 특권층에게만 허락된다면 더욱 근본적인 형태의 불평등이 예고되기 때문에 불안을 야기하기도 한다. 그래서 어떤 사람들은 그러한 변화가 효과적으로 규제되고 제약되기를 바란다. 그렇지만 이 전망은 또 다른 미래 시나리오와 관련이 있다. 몇몇 사람들이 지구 너머로 나아가 예컨대 화성에 정착하려고 시도할 수 있다. 이들은 화성의 적대적인 환경에 잘 적응하지 못하기 쉽고, 당국의 통제 너머에 있을 것이다. 그런 만큼 이러한 진보하는 생명공학 기술을 활용할 동기와 자유를 가진 사람들은 모험가들일 것이다. 이러한 더욱 장기적인 미래는 과학소설(SF) 작가들의 영역이다. 나는 학생들에게 썩 훌륭하지 못한 2류 과학(자연과학이든 사회과학이든)을 연구하기보다는 1류 SF를 읽으라고 권한다. SF가 더 재미있을뿐더러 틀릴 가능성이 더 높지도 않다.

과학은 팀 플레이다

지식의 꾸러미에
벽돌 몇 개를 얹는 것

훌륭한 SF 소설에서 주인공은 중요한 법이다. 그렇다면 '과학을 연구하는 종족'인 과학자들은 어떤 사람들일까?

아이들(또는 만화가)이 전형적인 과학자를 그림으로 묘사하면 종종 아인슈타인의 친숙한 이미지를 닮은, 외모를 덜 꾸민 남성의 모습이 그려진다. 나는 아인슈타인이 칠판 앞에 서 있는 모습을 그린 만화가 하나 기억난다. 그는 칠판에 $E=ma^2$라고 적었다가 선을 그어 지우고 $E=mb^2$를 적었다가 다시 선을 그어 지운 다음 마침내 $E=mc^2$라고 적는다. 그리고 아인슈타인이 말한다. 유레카! 바로 이거야! 물론 실제 이야기는 아니다. 1905년은 아인슈타인이 놀라운 업적을 이뤘던 '기적의 해'였다. 이 해에 아인슈타인은 우리 모두가 알고 있는 그 방정식을 발견했을 뿐 아니라 또 다른 논문 세 편을 썼는데, 어느 것이든 명성을 확실히 다지기에 충분했다. 당시 스물여섯 살이던 아인슈타인은 9시부터 5시까지 스위스 특허청에서 3급 기술 전문가로 근무했다.

이때 사진을 보면 아인슈타인은 오히려 말쑥한 외모에 가까운 젊은이였다. 포스터나 티셔츠, 만화에 등장하는, 온화하지만 외모가 단정하지 않은 현자로 유명해진 모습은 나이가 든 아인슈타인이다.

물리 세계에 대한 우리의 인식과 관념에 미친 영향에서 아인슈타인에 비길 인물은 뉴턴 정도다(그리고 생물학 분야에서 꼽자면 물론 다윈이다). 하지만 카리스마에서는 도저히 경쟁이 되지 않는다. 뉴턴은 매력적이지 않은 인물이다. 젊었을 때는 고독한 은둔자였으며, 말년에는 허영심과 복수심이 많았다. 아인슈타인이 친구로는 더 나았을 것이다. 이 20세기의 가장 유명한 과학자에게는 운 좋게도 매력적인 이미지가 투영되어 있다. 언제든 격언을 던질 준비가 되어 있고, 전 세계의 문제에 이상주의적으로 관여하는 온화한 인물이라는 이미지다.

하지만 아인슈타인에 대한 이런 대중적 이미지에는 부정적인 면도 있다. '안락의자에서 생각해낸 이론'을 지나치게 높이 평가하게 된다는 것이다. 순수한 이론과 관념만으로는 과학은 그렇게 대단한 영향을 끼치지 못했을 것이다. 이론만으로는 우리 세대가 아리스토텔레스보다 더 현명하지 않다. 그보다 과학은 망원경에서 컴퓨터에 이르기까지 진보했던 기술과 공생하며 발전해왔다. 물론 '고독한 사상가'는 실제로 과학자들의 한 하위 범주다. 하지만 그런 사람들은 소수다. 과학자들이 일하는 방식은 다양하며 대부분 '팀을 이뤄 협력'하는 일이 더 많다.

가장 위대한 과학자들, 심지어 고독한 사상가에 속하는 사람들도 틀에 박힌 하나의 유형만 있는 것은 아니다. 어떤 사람들은 정말 똑똑하다. 뉴턴의 지력은 누구보다도 뛰어났던 것 같다. 지성만큼이나 집중력도 아주 훌륭했다. 당시 누군가가 그렇게 심오한 문제를 어떻게 해결했는지 묻자 뉴턴은 "끊임없이 계속 생각했기 때문"이라고 답했을 정도였다. 반면에 다윈은 스스로를 평가할 때 매우 겸손했다. 그래서 이런 글을 남겼다. "나는 상당히 성공한 변호사나 의사라면 가지고 있을 법한 창의력과 상식, 판단력을 꽤나 갖추고 있지만, 그냥 그 정도이지 그보다 더 높은 수준은 아니라고 생각한다."

과학을 연구하려면 힘든 노력이 따라야 하지만 그것이 다가 아니다. '유레카를 외치는 순간', 즉 통찰력 또한 중요하다. 이것은 예술 분야의 창의성과 어느 정도 유사하지만 다른 점도 있다. 모든 예술가의 작품은 독자적이고 독특하지만 대개 계속 이어지지는 않는다. 반대로 과학자들은 실력이 그럭저럭인 사람들조차 공적인 지식의 꾸러미에 단단한 벽돌 몇 개를 얹을 수 있다. 그렇지만 과학적인 공적에는 개인의 독자성이 없다. A가 무언가를 발견하지 못해도 대개는 B가 곧 발견한다. 실제로 발견이 거의 동시에 이뤄진 사례도 많다. 반면에 창의적인 예술에서는 그렇지 않다. 이와 관련해 생물학자 피터 메더워Peter Medawar의 말을 인용하고 싶다. 바그너는 '링 사이클'이라 불리는 4부작 오페라 〈니벨룽의 반지〉를 작곡하던 중에 10년 동안 에너지를 다른 곳으로 돌려 〈뉘른베르크의 명가수〉나 〈트리스탄과 이졸데〉를 작곡했지만, 그러는 와중에 누군가 4부작의 마지막 '신들의 황혼'을 먼저 완성했을까 봐 걱정하지는 않았다.

심지어 아인슈타인 자신도 이런 차이점을 보여주는 사례다. 그는 어느 누구보다도 20세기 과학에 독특하고 큰 발자국을 남겼지만, 그가 존재하지 않았다 해도 그가 보여준 통찰력은 서서히, 그리고 (위대한 한 인물에 의해서보다는) 여러 사람에 의해서 드러났을 것이다. 물론 아인슈타인의 명성은 과학이라는 분야를 훨씬 뛰어넘는다. 그는 이 분야에서 정말로 대중적인 명성을 얻은 몇 안 되는 한 사람이고 베토벤만큼이나 창의적인 천재의 아이콘이다. 그렇지만 대중문화 전반에 끼친 아인슈타인의 영향은 양면적이다. 돌이켜보면 그가 자신의 이론을 '상대성 이론'이라고 칭한 점도 안타까운 일이다. 이 이론의 골자는 국지적인 자연법칙이 서로 다른 준거 틀에서도 동일하다는 것이다. 그러니 '불변성 이론'이 더 적절한 선택이었을 수 있고, 그랬다면 인간과 관련된 맥락에서 상대주의로 이어지는 잘못된 유추를 막았을 것이다. 하지만 이런 문화적으로 오용된 결과의 측면에서 아인슈타인이 다른 과학자들보다 그렇게 나쁜 편은 아니다. 하이젠베르크의 '불확실성 원리'는 수학적으로 정확한 개념이자 양자역학의 핵심이지만 동양 신비주의의 지지자들에게 납치당했다. 다윈 역시 인간 심리학에 적용되곤 하는 과격한 왜곡을 겪었다.

공학 역시 몇몇 상징적인 인물들을 보유하고 있다. 텔퍼드*나 브루넬**, 에디슨 같은 위대한 19세기 엔지니어들에 대해 들어본 사람이 많다는 것은 좋은 일이다. 물론 20세기의 뛰어난 엔지니어들에 대해서는 머릿속에 떠올리기가 어려울 수도 있지만 말이다. 영국인이라면 프랭크 휘틀Frank Whittle, 팀 버너스 리Tim Berners Lee, 제임스 다이슨James Dyson이 생각날 수 있겠다. (실제로 엔지니어들은 학계의 과학자들보다는 자기를 홍보하는 실력이 좋지 않았다. 그렇지 않았다면 공학계의 뛰어난 실무자들은 우리 시대의 유명한 건축가들만큼이나 화려한 프로

---

*　　도로·운하 건설에 큰 업적을 남긴 영국의 토목공학자.
**　　터널·교량·철도 분야에서 능력을 발휘했던 영국의 엔지니어.

필을 가졌을 것이다.) 특히 오늘날 우리에게 놀라운 기술을 선사한 사람들은 더 큰 찬사를 받을 자격이 있다. 그래도 다행히 이번 세기에는 변화가 있다. 마이크로소프트와 애플, 구글과 페이스북이 지배력을 얻게 되면서 과학을 공부한 젊은 세대 기업가들이 세상을 어떻게 변화시켰는지 증명되었다. 그리고 몇몇 사람들은 대규모 혁신을 통해 자동차와 항공우주 산업의 거대 기업들에 심한 타격을 입힌 일론 머스크Elon Musk가 '21세기의 브루넬'이라 불릴 만하다고 주장한다.

이렇듯 예전의 상징적인 인물들에만 초점을 맞추면 학계의 과학자들을 나이 든 괴짜 백인 남성으로 잘못 정형화할 수 있다(물론 과학자들 가운데 일부는 실제로 그렇지만). 다행히도 이제는 공동체가 훨씬 다양해져 이런 유형이 차지하는 비율은 줄어들고 있다. 비록 충분한 다양성을 달성하기까지는 아직 갈 길이 멀지만 말이다. 공정성이나 정의의 문제와는 별개로, 과학을 수행하면서 어떤 집단 출신이든 재능 있는 인재들을 배제하는 것은 명백한 자책골이다.

내가 가장 잘 아는 과학 분야인 천문학에서는 20세기 말까지 여성을 위한 '평평한 운동장', 다시 말해 공평한 경쟁의 장은 없었다. 여성들이 과소평가되었던 유명한 역사적 사례들이 있다. 18세기에 은하수의 지도를 만들고 천왕성을 발견했던 윌리엄 허셜William Herschel은 여동생 캐롤라인에게 많은 도움을 받았다. 그리고 그로부터 1세기가 지나 항성이 지구와 같은 화학 원소를 포함하고 있다는('제5원소' 같은 신비로운 성분이 아니라) 사실을 분광학적으로 발견하고 노년에 왕립학회 회장이 된 윌리엄 허긴스William Huggins는 수십 년에 걸쳐 아내 마거릿의 도움을 받았다. 또 1920년대에 세실리아 페인Cecilia Payne은 천문학에서 가장 중요한 박사 논문 중 하나를 썼는데, 태양과 항성이 주로 수소로 이루어져 있다는 것을 보여주는 내용이었다. 이 결과물은 주변의 의심적은 시선을 필요 이상으로 과도하게 받았지만, 결국 페인은 하버드대학의 첫 여성 정교수가 되었다(모든 분야를 통틀어).

그리고 우리 시대에 조금 더 가까운 예를 들면, 저명한 두 천문학자인 제프리 버비지Geoffrey Burbidge와 마거릿 버비지Margaret Burbidge가 있다. 제프리는 이론가였고 마거릿은 관찰자였다. 하지만 1950년대에는 여성이 캘리포니아의 대형 망원경을 사용할 수 없었기 때문에, 이용자를 제프리의 이름으로 등록하고 마거릿은 '조수'로 기록되어야 했다. 그래도 마거릿은 상당히 존경받을 만한 경력을 쌓았고 2019년에 100세의 나이로 사망했다. 나는 젊은 세대 사이에서 다른 물리학 분야보다 천문학에서 여성 과학자의 비율이 더 높다는 사실을 말할 수 있게 되어 기쁘다. 하지만 컴퓨터과학 같은 분야에서는 이 비율이 여전히 낮은 편이며, 좀 더 전통적인 분야의 최상위권에서도 마찬가지다.

대부분 과학은 여러 사람의 상호작용이 활발하게 일어나는 활동이다. 확실히 내가 직업 경력에서 가장 즐거웠던 일은, 혼란을 점차 해소해가며 합의된 이해의 영역을 확장하는 토론에 참여하는 것이었다. 과학을 주도하고 이끄는 사회적·정치적 요인이 얼마나 널리 퍼져 있는지를 이해하는 일은 우리에게 매우 중요하다. 과학자들이 일하는 방식, 그들을 지원하는 기관, 과학자들의 관심을 끄는 문제가 어떤 것들인지, 어떤 스타일의 설명이 문화적으로 매력적인지, 그리고 (더 현실적으로) 어떤 분야가 자금을 유치하기 쉬운지는 분명히 다양한 정치적·사회학적·경제적 요인에 달려 있다. 이런 답변은 시간이 지남에 따라 변화하며, 나라마다 또 다른 압력과 요구가 생긴다. 일부 프로젝트, 특히 우주 탐사 프로그램 같은 대규모 국제 프로젝트는 다른 긴요한 목적들에 의해 추진되는 활동의 부산물이다. 하지만 중요한 건 그래도 과학자들이 기울인 노력의 성과는 객관적이라는 점이다. 그것은 이러한 아이디어들이 어떤 동기부여로 얻어졌는지와는 별개의 기준으로 평가될 수 있다. 그렇지만 과학이 어떻게 적용되는지는 문화에 의존하는 문제다.

스티븐 와인버그Steven Weinberg는 당대 가장 뛰어난 이론물리학자 가운데 한 사람이었다. 나아가 그는 지식인이자 훌륭한 작가이기도 했다는 점에서 특이했다. 저서《최종이론의 꿈》에서 와인버그는 과학의 돌파구에 대해 다음과 같은 적절한 비유를 들었다.

> 등산가 일행은 산 정상으로 가는 최선의 길을 놓고 논쟁을 벌일 수 있으며, 이러한 논쟁에서 탐험의 역사와 사회 구조가 영향을 미칠 수도 있다. 하지만 결국 이들은 정상으로 가는 좋은 경로를 찾거나 찾지 못할 테고, 정상에 도착한 뒤에야 그 사실을 알게 된다.[9]

이와 비슷하게 사회·경제적 요인이 음악의 발전을 어떤 식으로 주조했는지 연구하는 것도 매력적인 작업이다. 예컨대 예배식이 어떻게 오페라 장르로 바뀌었는지, 개인 후원을 받는 것에서 공공 콘서트를 여는 것으로 바뀌면서 오케스트라 구성의 규모가 어떻게 늘었는지 등등. 하지만 이러한 연구는 비록 그 자체로 가치가 있다 해도 음악의 본질과 관련해서는 지엽적이다.

이제 약간의 개인적인 이야기를 덧붙이며 이 장을 마

치려 한다. 60세가 되어갈 무렵 나는 지난 세월을 되짚어보면서, (나 스스로 정말 중요한 과학적 기여를 했다고는 생각하지 않았지만) 여러 과학 논쟁에 적극적으로 참여할 수 있었던 것이 커다란 행운이었음을 느꼈다. 그리고 과학의 역사를 서술한다면 분명 가장 흥미로운 장의 하나로 여겨질 만한 프로젝트나 개념들을 집단적으로 발전시키는 작업에 긴밀하게 참여할 수 있었던 것도(가끔은 그것에 영향을 미치기도 했고) 다행이었다. 나는 거의 이상적인 학문 환경에서, 내가 누구보다 존경하고 즐겨 교류했던 동료나 협력자들(케임브리지대학교를 비롯해 전 세계에 퍼져 있는)과 이 일을 함께해온 것이다. 그러고 보면 나는 유별나게 운 좋은 세대였다. 요즘 젊은 동료들은 학문적 초점을 좁히고 더 경쟁적인 태도를 갖춰야 하며, 더 성가신 관료주의에 휘말리는 압박을 받는다.

그러면서 나는 과학자들이 나이가 들었을 때 어떻게 되는지 세 가지 유형이 있다는 사실을 알게 되었다. 어떤 사람은 연구에 흥미를 잃고 다른 활동으로 눈을 돌린다(무기력에 빠지기도 한다). 반면에 연구를 계속하는 사람들도 있다. 이들은 (상당수의 작곡가나 화가들과는 대조적으로) 자신의 마지막 작품이 최고가 될 것 같지 않다는 사실을 알면서도 자기가 잘하는 일을 하면서 안정기를 유지하는 데 만족한다. 사람들은 나이가 들면서 새로운 것을 흡수하고 신기술을 습득하는 데 무척 서툴러지기 때문이다. 과학은 사회적이고 집단적인 노력이 필요한 분야이며, 과학자들이 최첨단에 남아 있으려면 이렇게 해야 한다. 본인의 내적 계발만으로도 창의성을 심화시킬 수 있는 예술가와는 대조적이다. 그리고 마지막 세 번째 범주가 있는데, 여기에는 과학계의 여러 주요 인물이 포함된다(당황스럽지만 내가 지금 맡고 있는 교수직의 두 전임자 프레드 호일과 아서 에딩턴Arthur Eddington도 이런 부류였다!). 이들은 자신의 연구를 이끄는 동기를 계속 끌고 간다. 그리고 아마도 자신이 여전히 세상을 이해하려 애쓰는 중이라고 주장할 것이다. 하지만 이들은 더 이상 자기 분야에서 일상적인 작업을 계속하는 것만으로는 만족하지 못한다. 대신 전문성이 부족한 다른 학문 분야에 침투한다. 그들은 오만하게 선을 넘으면서, 기존에 자신을 숭배했던 사람들을 당황하게 만든다. 그러면서 비판적인 능력을 잃어버린다(다른 능력은 그대로라 하더라도).

　　나는 이러한 함정을 의식하면서, 앞으로 10년쯤은 내가 새로운 도전과제에 대처할 수 있기를 바라는 마음에서 나 자신을 다각화하는 게 현명하겠다고 생각했다. 그래서 내 연구 말고도 부가적인 일들(그리고 내가 무엇보다 서툴렀던 대중적 글쓰기보다도 더 사람들에게 편익을 제공하는 일들)을 떠맡고 싶었다. 이 부분에서 나는 굉장히 운이 좋았다. 이후 10년 동안 나는 내 작업과 관련 없는 일을 많이 맡았던 터라, 내가 생각했던 것보다도 훨씬 적은 연구를 하게 되었다. 그렇게 앞으로 더 나아갈 여러 번의 기회를 잡을 수 있었다(그래서 이 책의 후반부는, 내가 나중에 다양한 행정이나 정책 문제에 관여했던 경험에서 도출된 사례들을 통해 나만의 주제를 다룬다는 의미에서 다소 개인적인 이야기다).

과학이 다양한 성격 유형과 작업 스타일을 필요로 한다는 점은 반복해서 이야기해야 할 만큼 중요하다. '고독한 사상가'들도 실제로 존재한다. 하지만 훨씬 더 많은 과학자들은 대규모 프로젝트의 실험, 계산, 데이터 분석, 현장 작업, 산업 현장에 가까운 작업과 관련을 맺는다. 또한 그러는 와중에도 거의 모든 과학자들은(심지어 단독으로 연구하는 사람들조차) 연구소나 대학, 학회, 산업연구소 같은 공동체의 일부이며, 이런 공동체는 과학자들의 연구를 지원하고 홍보하는 데 도움을 준다. 이런 기관들이 다음 장에서 다룰 주제다.

실험실에서 나온
과학

Science
Comes out
of the Lab

**연구소·기관·단체 등
과학 공동체의 세계**

과학과 정치

코로나-19의
교훈

정부를 이루는 정치인과 공무원들은 최고 수준의 전문가들에게 조언을 들을 수 있어야 한다. 안정적인 시기에 이런 조언은 국립 아카데미나 특수한 전문가 단체를 비롯해 심지어는 정부 위원회(미국의 의회 위원회나 영국의 의회 특별위원회)의 보고서에서도 나올 수 있다. 그런데 사실 위기가 임박하지 않는 한, 한 부서의 장관은 가장 중요하고도 장기적인 정책적 문제에까지 관심을 집중하기는 어렵다. 이를테면 전력 공급이나 인터넷, 생활필수품 공급, 극한 기후에 대한 복원력 같은 문제가 그렇다. 하지만 때로는 재앙에 가까운 사건이 우리 삶에 긴급하게 영향을 끼치기도 한다. 이런 경우 정부는 불확실성에 직면해서도 어려운 결정을 신속하게 내려야 한다. 코로나-19가 엄청난 규모로 전 세계를 황폐화시켰던 2020년에 그랬듯이.

코로나-19는 세상에 모습을 드러내자마자 전 세계적인 재앙의 불씨를 예고했다. 하지만 트럼프 행정부는 초기에 과학계의 경고를 완전히 무시하는 대응으로 일관했다. 2020년 1월 22일 트럼프 대통령은 인터뷰에서 이렇게 말했다. "우리는 그것을 완전히 통제하고 있다. 중국에서 들어온 사람은 한 명뿐이고 우리가 그를 통제 중이다. 아무 문제 없을 것이다." 그리고 한 달 뒤 그는 의기양양하게 선언했다. "15명이 코로나 바이러스에 감염되었지만 불과 며칠 뒤에 15명이라는 숫자는 0명에 가까워질 테고, 이건 우리가 일을 꽤 잘했기 때문이다." 심지어 3월 12일 아일랜드 총리와의 회담 자리에서 트럼프는 계속해서 이렇게 뻐기듯 말했다. "내가 잘 해내고 우리 행정부가 중국에 대해 잘 대처한 덕분에 현재 사망자는 32명이다. 우리보다 작은 나라들은 사망자 수가 훨씬, 훨씬 더 많다." 하지만 1년이 지나 미국은 50만 명 넘는 사망자를 냈다.

영국의 존슨 총리는 위험의 중대성을 인식하고 효과적인 대응을 실시하는 과정이 느렸다. 또 격리 조치에 대해 처음에 존슨이 받은 조언은 거의 그가 선호하는 폐쇄적인 자문단인 과학긴급자문그룹(SAGE)에서 비롯했기 때문에 비판을 받았다. 처음에는 이 그룹의 회원 자격이 공개되지 않았다. 하지만 자문 과정이 빠르게 공개되면서 수십 명이 독립적으로 토론에 참여할 수 있게 되었고, 때로는 정부 정책에 가열찬 비판을 할 수 있게 되었다. 그리고 그사이 여러 증거가 변화하고 알게 된 지식이 확고해지면서 정책은 종종 바뀌었다. 심지어 영국 정부의 수석 과학고문이었던 데이비드 킹은 경쟁 집단인 '독립 SAGE' 위원회를 설립하기도 했다.

과학적 사실에 대해 합의되더라도 윤리·경제·정치의 균형을 맞추면서 계획적인 대응이 이루어지기는 쉽지 않다. 때로는 전문가들 사이에서도 합의에 도달하지 못하기도 한다. 예를 들어 학교를 폐쇄하면 감염의 확산세를 누그러뜨릴 수 있지만, 이러한 이점이 과연 단점보다 클까? 학교를 닫으면 부모가 효과적인 홈스쿨링을 시킬 수 없는 불우한 처지의 아이들은 교육을 받기 힘들어진다는 난점이 따른다.

정치인들을 위한 과학적 조언을 해석하고 정책의 선택지를 조정하기 위해서는 정부의 높은 자리에 전문가들이 자리 잡고 있는 게 중요하다. 일부 국가에서는 코로나-19가 이런 과학 자문가들을 그늘에서 끄집어냈다. 몇몇은 대중에 모습을 드러내 유명 인사가 되었다. 이들 가운데 일부는 찬사를 받았지만, 소셜미디어 시대에 유명인들의 운명인 날선 증오감을 견뎌야 했던 이들도 있었다. 미국에서는 감염병 책임자인 앤서니 파우치가 트럼프 대통령과 일부 음모론자들의 멸시를 딛고 폭넓은 대중의 신뢰를 얻었다.

그리고 영국에서는 총리(또는 경력 있는 대리자)가 정기적인 기자회견을 열 때 옆에 정부의 최고 과학고문인 패트릭 발란스Patrick Vallance와 최고 보건 책임자인 크리스 위티Chris Whitty가 배석했다. 언론계에는 대중이 복잡한 숫자들에 현혹되지 않도록 돕는 '유명 통계학자들'까지 있었다.

코로나-19처럼 큰 규모는 아니라 해도, 우리는 최근 수십 년 동안 폭발한 갑작스러운 위기에서 많은 것을 배울 수 있었다. 예컨대 2010년 4월 아이슬란드의 에이야프얄라요쿨 화산이 폭발하면서 생겨난 먼지가 북유럽 전역의 항공기 운행을 방해했는데, 이때 화산이나 바람의 패턴, 다양한 종류의 먼지가 제트 엔진에 어떤 영향을 미치는지에 대한 긴급한 질문들이 제기됐다. 이런 경우에 필요한 지식은 기본적으로 이미 존재했다. 부족한 것은 조정과 적절한 프로토콜(예컨대 비행기 엔진에 대한 보증 조항을 명확히 하는 것)이었다. 그 결과 북유럽의 모든 항공 여행이 중단되는 등 사람들은 아주 신중한 반응을 보였다. 그 외에도 국지적인 비상 상황은 더욱 빈번했다. 화재, 홍수, 전력망 고장, 구제역 등이 발생할 때마다 공무원들은 전문가의 조언을 필요로 하는데, 이런 시나리오가 사전에 연구되고 대처 방안이 계획된다면 결과는 조금은 덜 심각할 것이다.

하지만 위협적인 코로나-19의 주요 특징이 무엇인지

조차 알 수 없었던 것처럼, 때로는 핵심적인 기초 과학 지식마저 알려져 있지 않은 경우가 있다. 1980년대에 영국에서 발생한 광우병도 그런 사례다. 처음에 전문가들은 이 질병이 종의 장벽을 넘지 않으며, 지난 200년 동안 양에게 풍토병이었던 스크래피와 닮았던 만큼 인간에게 위협이 되지 않는다고 추정했다.[1] 이것은 일견 합리적인 추측이었으며 정치인들과 대중을 안심시켰다. 하지만 이 추측은 틀렸다는 것이 곧 증명되었다. 그러자 진자는 반대 방향으로 흔들렸다. 과학자들은 100명 이상이 사망할 가능성에 대비했다. 하지만 누군가가 '100만 명이 목숨을 잃을 가능성이 1퍼센트 미만인가?'라고 물었다면 과학자들은 '그렇다'라고 자신 있게 대답할 수 없었을 것이다. 그 결과 '뼈가 붙은 쇠고기'를 금지하는 조치가 취해지기도 했다. 돌이켜보면 이것은 과잉 반응이었지만, 당시에는 나중에 실제로 알려진 규모보다 훨씬 더 널리 퍼질 가능성이 있었던 잠재적인 비극에 대한 신중한 예방책처럼 보였다. (이 질병의 실제 영향은 점차 약화되긴 했어도 수십 년 동안 꺼져가는 불꽃처럼 탁탁 소리를 내며 이어졌다. 2021년에도 프랑스의 한 실험실에서 일하던 근무자 두 명이 사망한 일이 있었다.)

2009년 신종플루가 유행했을 때는 영국을 비롯한 각국 정부들이 백신을 비축해둘 만큼 신중했다. 당시 인플루엔자 유행의 규모가 우려보다 경미한 것으로 드러났는데도 그랬다. 하지만 코로나 바이러스 팬데믹의 위협은 적절하게 대비되지 않았다. 보건 종사자들을 위한 보호복이 필요한 데다 백신이 존재할 것이라는 보장조차 없는 상태였는데도 말이다. 만약 우리가 보험료를 계산하는 것과 같은 신중한 분석(일어날 확률과 실제 결과를 곱하는)을 팬데믹에 적용한다면, 우리는 이러한 극단적인 사건을 완화하기 위한 조치들이 크게 확대되어야 한다고 확실하게 결론 내렸을 것이다. (이런 조치들은 국제적인 협력이 필요하다. 예를 들어 어떤 전염병이 전 세계적으로 유행할지의 여부는 동아시아나 아프리카의 농부들이 가축에서 발생한 이상한 질병을 얼마나 빨리 정부에 보고할 수 있는지에 달려 있을 수 있다.)

하지만 그와는 매우 다른, 위험에 대한 대중의 인식과 실제 심각성 사이의 불일치가 있다. 예컨대 몇몇 위험은 우리가 그것에 노출되는 것을 통제할 수 없다는 데서 비롯한 특수한 '두려움 요소'가 존재한다. 우리는 음식 속 발암물질과 저준위 방사선에 대해 지나치게 걱정한다. 또 교통사고 사망자 수가 훨씬 많은데도 테러로 인한 사망을 더 걱정한다. 한편 이와는 대조적으로, 우리는 팬데믹처럼 '영향력이나 중대성이 높은 반면 확률이 낮은' 사건이 빚어낼 사회적 혼란에 대해서는 실제로 그것이 발생할 때까지 부정한다.

2008년의 금융위기 또한 그런 사례였다. 그뿐만 아니라 사이버 위협, 전력망 고장, 태양 폭풍 역시 우리가 충분히 대비하지 못하고 있는 우발 상황들이다.

위에서 언급한 광범위한 주제들은 우리의 삶과 공공 정책에 과학이 얼마나 널리 퍼져 있는지를 보여준다. 미국의 버락 오바마 대통령은 이 점을 확실히 인지한 상태에서 행정부의 주요 직책 중 일부를 일류 과학자들로 구성된 '드림팀'으로 채웠다. 그리고 "그들의 조언이 불편할 때도, 아니 오히려 불편할 때 특히 더 귀를 기울여야 한다"고 의견을 밝혔다. 이후 조 바이든 대통령 역시 최고로 손꼽히는 유전학자 에릭 랜더Eric Lander를 과학고문으로 삼고 내각의 일원으로 임명하면서 오바마 대통령에 비견할 만한 의지를 보였다. 랜더는 옥스퍼드대학교에서 이론수학 박사 학위를 받고 MIT 경영대학원을 거쳐 유전학 분야에 뛰어들어, 인간 게놈 프로젝트와 그 후속 연구에서 핵심적인 역할을 도맡는 인상적인 커리어를 가졌다. 2022년에 그가 직원을 괴롭혔다는 의혹으로 직위에서 사임했던 일은 미국 과학계에서 매우 유감스러운 일이었다.[2]

이런 상황에서 실제로 결정을 내려야 하는 이들은 선출된 정치인이다. 과학자들은 '언제든 준비되어 있어야지 위에 군림하면 안 된다.' (종종 처칠의 것으로 여겨지는 이 격언이 사실 1912년에 이 발언을 했던 아일랜드 정치인 조지 러셀로 거슬러 올라간다는 사실을 알면 흥미로울 것이다!) 하지만 과학적 조언의 역할은 단순히 사실을 제공하는 것이 아니고, 이미 결정된 정책을 뒷받침하는 것은 더더욱 아니다. 전문가들은 의사결정자들에게 반론을 제기할 준비가 되어 있어야 하며, 그들이 불확실한 영역을 탐색할 수 있도록 도와야 한다. 실제로 랜더가 퇴출되면서 적절한 자문단의 구조에 대한 논의가 촉발되었다. 최고 고문을 내각에 두고 자문뿐만 아니라 정책의 실행을 책임지며 행정부가 바뀔 때마다 바뀌어야 하는가? 아니면 영국에서처럼 조언가들은 행정부가 바뀌어도 계속 재임할 수 있을 만큼 충분한 거리를 둬야 하는가?

돌이켜보면, 사실 당연하지만 코로나-19 팬데믹이 터지고 초기 몇 주 동안 과학자들의 조언이 항상 명료하지는 않았다. 예를 들어 미국과 영국의 일부 전문가들은 마스크를 착용해도 별다른 효과가 없다며 그 가치를 진지하게 의심했다. 하지만 전문가들의 의견은 점차 하나로 모였다. 또한 다양한 연령과 건강 상태에 놓인 감염자 개개인에게 바이러스가 미치는 의학적 결과를 분석하는 데도 시간이 걸렸다. 더구나 감염자들의 예후(코로나 후유증인 '롱 코비드'를 포함해)를 몇 가지로 고정하는 데도 시간이 소요되었다. 또 모든 국가에서 감염자 번호를 붙이는 데 사용되었던 새로운 변종의 출현 시기나 위치도 확실히 예측되지 않았다. 백신을 개발하는 속도와 백신의 효능 또한 그러했다.

우리는 코로나-19 팬데믹 기간에 정치인들이 봉쇄 기간과 엄격성의 다양한 기준을 두고 팽팽하게 갈등을 벌였음에도 만장일치에 가까운 합의를 달성하지 못했던 것을 지켜보았다. 2020년 영국에서는 사람들에게 봉쇄를 부과하고 외국인들의 국내 여행을(특히 인도에 'D 변종'이 들어온 2021년 4월에 인도인들의 입국을) 제한하라는 권고가 지연되었는데, 이것은 정치적·경제적 압력의 결과로 지금 관점에서 보면 명백한 실수였다. 이러한 판단은 바이러스가 개인에게 미치는 영향이 확립되기 전에 이루어져야 했기 때문에, 전파력이 극도로 높은 오미크론 변종의 경우에는 훨씬 더 어려웠다. 사람들의 피로감이 규제를 묵인하는 수준을 떨어뜨리지 않을지에 대한 우려도 (부당해 보이지만) 있었다.

그리고 정치인들은 대중의 윤리적 판단과 민감성을 어떻게 측정할지와 관련해 딜레마에 직면한다. 백신이나 병상의 수가 제한된다면, '필수' 노동자, 젊은이, 노인 사이에서 어떻게 절충이 이루어져야 하는가? 또 70퍼센트의 국민이 이미 백신을 접종한 국가들은 그 비율이 1퍼센트를 조금 넘는 아프리카 국가들에 나머지 백신을 보내야 할까, 아니면 부스터 추가 접종을 받도록 자국민에게 계속 우선순위를 두어야 할까?

과학 자문가들은 자신의 특별한 전문지식(그들의 의견이 실제로 중요한 경우가 종종 있는)을 넘어서는 영역에서는 자신이 보통 시민처럼 말하고 있다는 점을 잊어서는 안 된다. 이 점은 팬데믹의 맥락에서만 중요한 것이 아니다. 핵무기, 에너지, 환경, 약물 분류, 보건상의 위험에 대한 정책적 판단에서 정치적 결정이 순수하게 과학적이기만 한 경우는 거의 없다. 윤리, 경제, 사회 정책 역시 고려해야 할 사항에 포함된다.

이러한 긴장과 갈등에 대처하는 것은 기후 변화에 대한 대응을 공식화하는 과정에서 특히 시급하다. 아무리 전 세계의 기후가 어떻게 바뀔지 그 불확실성이 최소화된다 해도, 정부가 이에 대처해 무엇을 해야 하는지에 대해서는 여전히 서로 다른 견해가 있을 것이다. 지구 온난화를 완화하는 것과 여기에 적응하는 것 사이에 균형점을 찾아야 한다. 또 다른 질문들도 있다. 우리의 손자 손녀들이 나이가 들었을 때 세상이 더 나빠지지 않게 하려면, 우리가 지금 얼마나 희생해야 할까? 그동안 화석연료 배출 문제를 거의 유발했던 부유한 국가들은 개발도상국에 얼마나 많은 보조금을 지원해야 할까? 우리는 청정에너지에 얼마나 인센티브를 주어 장려해야 할까? 우리는 후손들이, 우리가 지금 취하는 어떤 행동도 되돌릴 수 있을 만한 기술적인 해결책을 찾아낼 수 있으리라고 도박을 해야 할까? 이 모든 선택에는 아직 최소한의 합의가 있을 뿐이며, 여전히 덜 효과적인 행동이 존재한다. 정부에 조언하는 사람들을 포함한 기후과학자들은 최선의 정책이 무엇인지에 대해 다양한 의견을 가지고 있다. 하지만 이들은 이러한 견해를 한 사람의 시민으로서 표출해야지 자기 말에 특별한 무게를 두어서는 안 된다.

과거에는 많은 이들이 의심의 여지 없이 권위자들의 의견을 받아들였지만 이제는 바뀌었다. 우리 모두는 이전보다 훨씬 더 많은 정보에 접근할 수 있고, 스스로 증거를 저울질하고자 한다(하지만 어떤 증거가 권위가 있고, 어떤 것이 '가짜'이거나 편향된 것인지 평가하기 어려울 수 있다). 이러한 정밀 조사는 환영받아야 한다. 의료계나 법조계에서 엉성한 업무나 오류, 심지어 과실이나 배임 행위의 사례가 있는 것처럼 과학계에도 그런 일이 있다.

보건 분야든 기후 분야든, 가장 다루기 힘든 위기는 글로벌한 차원에서 펼쳐진다. 게다가 데이터를 보관하고 관리하는 현재의 방식이 모든 분야에서, 그리고 모든 국가에서 동일하지 않기 때문에 복잡성이 한층 더해진다. 그뿐만 아니라 정보를 이용하도록 하는 적절한 지침에 대한 합의도 없다. 그래서 과학적으로 견고하며 확고한 근거를 가진 주장을 하기 위해서는 공개적인 국제 토론을 촉진할 필요성이 분명하다. 비록 이런 점 때문에 정부의 과학 자문들은 자기 역할을 다하기가 더욱 어려워지겠지만 말이다.

우리가 코로나-19의 사례에서 교훈을 얻을 수는 있지만, 과학과 정부의 관계는 복잡하며 성공을 거둘 간단한 공식은 없다. 하지만 과학을 통해 전 지구적 위협으로부터 인류를 구하기 위해서는 이 관계를 더 잘 이해하고 실행해야 한다. 이 점을 특히 잘 보여주는 특징적인 분야가 과학과 국방 사이의 밀접하고 오랜 상호관계다.

국방의 세계

과학자에게도 '히포크라테스 선서'가 필요하다

국방은 우주 기술, 레이저 무기, 킬러로봇 같은 당대의 최첨단 기술이 발전하도록 이끄는 원동력이다. 이런 기술은 모두 윤리적으로 양면성을 갖지만 오랜 세월 동안 지속되었다. 예컨대 뛰어난 화학자 프리츠 하버Fritz Haber는 제1차 세계대전에서 독가스를 개발했으며, 럼퍼드 백작(벤저민 톰슨)의 '열'에 대한 발견은 포병 기술을 개선하려는 노력에서 나온 부산물이었다. 사실 이런 긴밀한 관계는 아르키메데스까지 거슬러 올라간다. 아르키메데스는 순수한 기하학을 연구했지만 동시에 햇빛을 모아 적함을 파괴하는 방법에 대해서도 곰곰이 생각했다고 한다.

전문적인 과학 지식은 제2차 세계대전에서 대규모로 다양하게 활용되었다. 가장 규모가 대단했던 것은 최초의 원자폭탄을 만든 '맨해튼 계획'이었지만, 그 밖에도 레이더, 작전 연구, 암호 해독에도 과학이 응용되었다. 전쟁이 끝났을 때 대부분의 과학자들은 안도의 한숨을 내쉬며 평화롭던 시절의 연구로 돌아왔다. 하지만 몇몇 사람들, 특히 원자 폭탄을 개발하는 데 도움을 준 과학자들에게는 상아탑이 더 이상 안식처가 아니었다. 이들은 자신들이 해방시켰던 원자력이라는 힘을 통제하기 위해 할 수 있는 일을 계속해 나갔다. 이런 '원자 과학자'들 가운데 가장 헌신적이고 이상 적인 인물로 꼽히는 사람이 조지프 로트블랫Joseph Rotblat이 다. 그는 퍼그워시 회의*를 주창하고 이끌었는데, 나는 만년 의 그를 알게 되어 영광이었다.

1908년 폴란드에서 태어난 로트블랫의 삶은 20세기 에 걸쳐 있었고(그는 96세까지 살았다), 공포와 위기감이 그의 인생에 강력한 영향을 주었다. 로트블랫과 그의 가족은 제1 차 세계대전이 벌어지는 동안 극심한 빈곤을 겪었다. 그래 도 로트블랫은 매우 총명했을 뿐만 아니라 활력이 넘치고 끈기가 있었는데 이것은 평생 이어진 특성이기도 했다. 그 는 전기 기술자로 견습생 생활을 한 뒤 대학교에 등록했고, 서른 살이 되어서는 방사능 연구에서 국제적인 명성을 얻 었다.

1939년 로트블랫은 영국 리버풀에서 저명한 핵물리

---

* 핵전쟁 위험에서 인류를 보호하기 위해 여러 나라의 과학자가 개최했던 국제회의.

학자 제임스 채드윅James Chadwick과 함께 일하는 단기직 일자리를 수락했다. 원래 일하던 바르샤바 방사능연구소가 그로부터 1년 뒤에 파괴되었으니 꽤 다행스러운 이직이었다. 로트블랫은 채드윅의 두터운 신임을 받았다. 당시 이곳에서는 코드명 '모드' 및 '튜브 앨로이스'를 통해 핵분열 무기의 실현 가능성을 연구하고 있었다. 이러한 연구가 미국의 맨해튼 계획 아래로 들어가자 채드윅은 영향력을 발휘해 폴란드 시민권을 가졌던 로트블랫이 로스앨러모스로 이주하도록 했다.

1940년 이래로 핵물리학자들은 히틀러가 핵무기를 먼저 개발할지도 모른다는 '악몽 같은 시나리오'를 두려워하고 있었다. 로트블랫은 이러한 위협만이, 연합군의 원자폭탄 프로젝트에 대한 도덕적 정당성의 근거라고 여겼다. 그래서 잘 알려진 대로, 로트블랫은 이 위협이 더 이상 현실적으로 보이지 않게 되었을 때 바로 로스앨러모스를 떠난 유일한 과학자였다. 실제로 로트블랫이 가졌던 동기는 복잡했지만 그의 설명에 따르면, 프로젝트 총책임자인 그로브스 장군이 러시아인들을 상대로 폭탄을 사용할 수도 있다고 언급했던 것이 계기였다고 한다.

이후 로트블랫은 리버풀로 돌아와 채드윅이 실험실을 재건하도록 돕다가, 1950년에 런던 세인트바살러뮤 병원의 방사선과 과장으로 직장을 옮겼다. 그가 처음으로 대중적인 명성은 얻은 것은 1954년이었다. 로트블랫은 길을 잃고 미국의 열핵반응 실험 현장에 위험할 정도로 가까이 다가간 한 일본 어선의 퇴적된 방사성 먼지를 분석해서, 설계된 폭탄의 주요 특징들을 추론했다. 그리고 그는 버트런드 러셀과 함께, 방사능 낙진의 위험을 다룬 BBC 프로그램에 출연했다. 이어 러셀이 핵무기 폐기를 호소하는 선언문을 준비하자 로트블랫은 여기에 아인슈타인이 서명하도록 했다. 그로부터 일주일 뒤 아인슈타인이 사망했기 때문에 이것은 그의 마지막 공적인 행동이 되었다. 이 '러셀-아인슈타인 선언'에는 다른 저명한 과학자 9명이 함께 서명했다. 이들은 자신들이 '어떤 나라나 대륙의 일원이거나 어떤 사상의 신봉자여서가 아니라, 지속적인 존립이 의심스러운 인류의 일원으로서 발언하는 것'이라고 주장했다.

이 선언은 퍼그워시 회의로 이어졌다. '퍼그워시'라는 명칭은 캐나다의 백만장자 사이러스 이튼의 후원으로 첫 회의가 열렸던, 캐나다 노바스코샤주의 마을 이름에서 따온 것이었다. 오늘날까지 계속되는 이 회의는 냉전 기간 내내 러시아와 서방 과학자들 사이에 대화가 유지되는 데 도움이 되었다. 1995년 노벨 평화상이 이 퍼그워시 회의에 주어졌을 때, 상금의 절반은 퍼그워시 기구에, 나머지 절반은 조직을 주도하면서 지치지 않는 영감을 준 로트블랫에게 돌아갔다(그리고 로트블랫은 금욕적이고 헌신적인 성격대로 그 상금의 절반을 다시 조직에 기부했다).

이런 비정부 기구들이 실질적으로 얼마나 영향을 미쳤을까? 확실히 1960년대 내내 퍼그워시 회의는 미국과 소련 사이에 중요한 비공식 접촉 창구를 제공했고, 그에 따라 1963년 부분적인 핵실험 금지조약은 물론이고 이후 탄도 미사일 금지 및 핵확산 금지조약으로 가는 길을 닦았다. 하지만 그 뒤 수십 년에 걸쳐 퍼그워시 회의의 의제는 생물학 무기와 개발도상국 문제로 확대되었다. 동시에 다른 창구들도 생겨났다. 그러면서 점차 퍼그워시 회의는 특색이 없어지고 영향력도 희석되었다.

그래도 로트블랫은 전 세계 핵무기를 완전히 제거하겠다는 장기적인 목표에 계속 관심을 기울였다. 처음에는 터무니없는 이상주의로 널리 조롱을 받기도 했지만, 그의 생각은 서서히 더 넓은 지배층의 지지를 얻기에 이르렀다. 예를 들어 쿠바 위기 당시 미국의 국방장관이었던 로버트 맥나마라는 말년에 퍼그워시 회의에 여러 번 참석했다. 이런 행보는 로트블랫과 미하일 고르바초프의 우정이 그랬듯 어울리지 않는 것처럼 보일 수 있다. 하지만 이들은 핵무기를 없애는 것이 인류의 궁극적인 목표여야 한다는 인식을 함께했다. 이 견해는 나중에 주류로 진입해, 미국의 '4인방'으로 꼽히는 정치인들(키신저, 넌, 페리, 슐츠)의 지지를 받기에 이르렀다. 맥나마라는 자신의 회고록에서, 미국이 쿠바 위기 동안 핵무기로 인한 파괴적 결과를 촉발하지 않게 피했던 것이 "운이 좋았을 뿐 아니라 현명했다"고 인정했다. 오바마 대통령 역시 상원을 설득해 뉴스타트협정(전략적 군비축소 협약)을 비준하도록 해서 군축 의제를 다시 꺼내 들었다. 그리고 2009년 4월 프라하에서 있었던 영감 넘치는 연설에서 '핵무기 없이 세계의 평화와 안전을 추구하겠다는 미국의 약속'을 명확히 하고, 그 방향으로 나아가기 위한 구체적인 단계를 준비하겠다고 천명했다. 그러다 트럼프 시대로 접어들며 이런 흐름은 중단되었지만 그럼에도 아직 희망은 존재한다.

왕립학회에서 행한 인상적인 연설에서 로트블랫은 과학자들에게, 상아탑 대신 방위사업을 선택하지 말라고 경고했다. 그리고 왕립학회의 또 다른 주류 인사인 솔리 주커먼Solly Zuckerman(그는 노년에 더 비둘기파로 기울었다)의 말을 인용했다. "핵무기에 관해서는, 군비 경쟁의 핵심에 기술자들이 있다."

이렇듯 로트블랫은 주로 핵 문제에 관심을 기울였지만, 그는 21세기 과학의 오용에서 비롯될 수 있는 위험에 대해서도 몹시 걱정했다. 그래서 과학자들이 인류의 이익을 위해 재능을 사용할 것을 맹세하는 '히포크라테스 선서'를 지지하기도 했다. 그러한 선서가 로트블랫에게 얼마나 중요했는지는 그가 사람들의 의식을 고양시키는 영향력을 행사했다는 점에서 의심의 여지가 없다. 그는 퍼그워시 공동체를 넘어 젊은 세대에게 자신의 우려와 걱정을 전달할 필요를 느꼈다. 아흔 살이 넘어서도 그는 여전히 학생 청중을 사로잡았다. 비극과 고난을 배경으로 이를 극복하고 어떤 환상 없이 이상을 추구했던 로트블랫의 삶은 사람들에게 더 잘 알려져야 한다.[3]

제2차 세계대전에 참전했던 과학자 세대 중 오늘날 살아 있는 사람은 아무도 없지만, 미국에서 이들의 후배 과학자들은 꽤 인상적인 일을 했다. 예컨대 정부나 첨단 기술 산업 분야에서 일하거나 국방부와 자문위원회에서 정기적으로 자문 역할을 한다. 하지만 영국에서는 핵 문제와 관련해서 미국 과학자들의 자질과 전문지식에 필적할 만한 젊은 과학자들은 유감스럽게도 적다(생명공학이나 사이버 보안 분야에서는 이런 비대칭성이 좀 덜하다). 이렇듯 대서양을 사이에 두고 사정이 불균형하게 차이가 나는 이유를 찾기란 어렵지 않다. 미국에서는 행정부가 바뀔 때마다 많은 고위 인사들이 하버드대학의 케네디스쿨이나 스탠퍼드대학 후버연구소 같은 곳과 정부 직책 사이를 왔다 갔다 한다. 항상 몇몇은 정부 '바깥'에 있다. 하지만 이와는 대조적으로 영국은 이런 회전문 시스템을 가지고 있지 않다. 정부 공무직은 대개 평생의 직업이다(최근에는 이런 경향이 점점 줄고 있긴 하다). 이러한 이유로, 그리고 극비 사항이 널리 퍼지지 않도록 영국에서는 국방 문제에 관여하는 인재들이 폐쇄적인 공무직 세계에 제한되곤 한다.

부수적으로 미국에는 이런 문제에 관여하는 독특한 형태가 있어서 지속적으로 이 분야를 이끈다. 바로 제이슨 (JASON) 그룹이다. 이 그룹은 1960년대에 미국 국방부의 지원을 받아 설립되어 정부에 과학과 기술에 대한 조언을 제공했다. 이들은 학계의 일급 과학자들인데, 초기에는 주로 물리학자들이었지만 현재는 생물학자, 컴퓨터과학자 등이 포함된다. 국방부 지원은 받지만 자체적인 원칙에 따라 새로운 회원을 골라 영입한다. 딕 가윈Dick Garwin과 프리먼 다이슨 같은 몇몇은 50년 넘게 회원으로 남아 있기도 했다. 제이슨 그룹 회원은 여름에 약 6주를 함께 보내며 나머지 기간에도 모임을 갖기 때문에 여기에는 꽤 진지한 헌신이 필요하다. 이 모임이 지속적으로 성과를 거뒀던 것은, 교차 학문적 담론을 즐기고 아이디어를 부담 없이 던지며 서로를 존중하는 뛰어난 과학자들을 한 자리에 모을 수 있었

던 덕분이었다.[4]

　이러한 모임에서 나타난 회원들 사이의 사회적 화학 반응은 다른 집단에서는 거의 보기 힘들다. 구성원들이 모임에 상당한 시간을 할애하면서 자신들의 강점이 영향을 끼칠 수 있는 문제를 다루지 않는 한, 그리고 실제로 정부의 의사결정에 입김을 발휘한다고 느끼지 않는 한 비슷한 집단은 생겨나지 않을 것이다. 내 생각에 영국에서 이 포맷을 들여오려면 다루는 주제가 군사적인 것이 아니라 교통, 식량, 에너지, 정보기술, 환경 같은 민간 주제에 중점을 두어야 할 것이다. 국가 안보(사실상 글로벌 안보)를 보장하고 글로벌한 도전과제에 맞서기 위해서는 이런 주제들에도 복잡한 시스템과 기술적인 혁신이 필요하다. 우리 과학자들도 상당수는 각종 위원회에 소속되어 정부 정책에 참여한다. 하루 동안 테이블에 둘러앉아 회의를 하고 이때 표출된 의견을 공무원들이 의사록으로 작성한다. 하지만 이런 과정 자체는 때로 정보 교환이라는 측면에서 최소한의 가치가 있을 수 있지만, 진정으로 새로운 아이디어를 창출할 수 있는 (그래서 확실히 과학의 기쁨과 흥분이 있는) 형태의 모임보다는 훨씬 덜 강력하다.

　박식하면서도 독자적인 지식인의 목소리가 거의 들리지 않는다는 점은 영국에서 국방 문제에 대한 토론의 질을 떨어뜨린다(그리고 핵 문제에 대한 논의를 거의 완전히 잠재운다).
미국보다 영국에서 훨씬 더 폐쇄적인 국방연구소들과 관련
해서도 대서양을 가로질러 미국과 영국이 크게 대조된다.
나는 그동안 리버모어와 로스앨러모스에 자리한 미국의 대
표적인 두 연구소에서 일하는 사람들을 꽤 많이 알게 되었
는데, 그곳 연구원들은 공개적인 회의나 정기 매체에 발표
할 연구에 충분한 시간을 쓰도록 장려받기 때문이다. 우주
의 극단적인 천문 현상들(예컨대 초신성 폭발 같은)은 폭탄이
터지는 것과 비슷한 과정을 겪기 때문에, 나는 종종 미국 국
방연구소 연구원들의 공개적인 연구를 참조한다. 나는 그
들이 유능한 연구자들이며 그들이 만든 폭탄이 실제로 작
동할 것이라고 어느 정도 자신 있게 결론 내릴 수 있다. 하
지만 이와는 달리 나는 영국의 올더마스턴연구소(미국 리버
모어연구소가 갖는 위치에 해당한다)에 소속된 사람 그 누구도 제
대로 알지 못한다. 우리 과학자들 중 상당수가 미국 연구소
소속 연구자들의 역량은 확실히 인정하지만, 비슷한 영국
연구소에 대해서는 그럴 만한 '외부자'들이 거의 없다. 따라
서 나는 좀 더 개방적인 정책을 채택하지 않는 한, 이런 폐
쇄적인 세계에 합류하라고 영국의 젊은 물리학자들에게 추
천하지는 않을 것이다. 다른 연구자 공동체들과 단절되지
않으려면 말이다.

그동안 나는 시위나 캠페인에 시민 자격으로 참여하는 것 외에는(그리고 최근에는 의회 토론장에서 하원 뒤쪽 좌석에 앉아 있었던 것 말고는) 국방 문제에 거의 관여하지 않았다. 다만 영국의 미국안보정보위원회(BASIC) 싱크탱크가 후원하는, '트라이던트의 미래'라는 주제를 다루는 독자적인 위원회에 살짝 참여한 적이 있기는 하다. 영국에서 이른바 '단독 억지력'을 지닌다고 묘사되는 4척의 핵추진 잠수함(영국제 수소폭탄으로 무장한 미국제 트라이던트 미사일을 탑재하고 있다)에 관한 내용이다. 우리 위원회의 공동 의장은 맬컴 리프킨드, 멘지스 캠벨, 데스 브라운이었는데, 스코틀랜드 정치계의 세 거물인 이들에게 나는 큰 존경심을 갖게 되었다. 그리고 나머지 구성원들도 나보다 전문성이 뛰어났다. 그 보고서는 우리의 핵 억지력을 포기하라고 권고하지는 않았다. 대신 영국 정부가 이후에 잠수함의 탄두 수를 늘리기로 결정하면서 4척의 잠수함을 기반으로 한 현 체제를 더 축소하는 방안에 대해 논의의 장을 열었다(유감스럽게도 효과는 없었다). 그뿐만 아니라 우리는 새로운 위협에 대한 사람들의 인식을 높였다. 예컨대 사이버 공격이 핵무기의 지휘통제 시스템을 해킹할 수 있는지 여부가 그런 위협이었다.

트라이던트 관련 위원회 패널들 가운데 내게만 유일하게 보안 허가가 없는 것은 눈에 띄는 일이었다. 일부 학자들과 달리 나는 기밀 작업에 관여하는 것을 의도적으로 피해왔다. 그러면 비공식적인 토론에서 답답한 제약이 따를 것이라 생각했기 때문이다. 비밀주의는 미국보다 영국에 더 널리 퍼져 있다. 미국에서 나는 국방부나 제이슨 그룹 등에 꽤 관여하는 인물들(딕 가윈[5] 밑으로 여러 명)을 많이 알고 있다. 그리고 이들이 비공식적인 대화에서 내게 기밀이 아닌 아이디어를 동료로서 이야기하는 것도 결코 어색하지 않다. 하지만 이런 정보 중 일부는 영국에서는 기밀로 간주될 가능성이 높다. 만약 영국에서 내가 기밀 정보를 사람들에게 불법적으로 폭로하고 있다는 의심을 받는다면 토론 자리가 불편해질 테고, 입을 다무는 일이 잦을 것이다.

이런 경우, 물론 어떤 상황에서는 비밀을 유지해야 할 필요가 있겠지만 나는 그 양이 과도하다고 생각한다. 모든 정부 부처에서 광범위한 조사와 개방성은 공식 자문의 질을 향상시킬 것이다. 과학적 전문지식이 필요한 논쟁적인 문제일 경우 특히 더 그렇다. 정치인들은 활용 가능한 전문가들을 모두 모아 활발한 토론을 거친 뒤에 도출한 조언을 분명 더 선호해야 한다.

자문과 활동가들

과학은 정부에, 정부는 과학에
무엇을 할 것인가

국방과 군비 통제 문제는 오늘날 전문 과학자들이 다루는 의제 가운데서도 점차 감소하는 분야다. 앞서 1장에서 간추려 살폈듯이, 이 의제는 오늘날 훨씬 더 광범위하고 복잡해졌으며 온갖 과학 분야에 걸쳐 있다. 여기에 대한 논의는 더욱 개방되었으며(아직 충분하지는 않지만) 종종 글로벌하게 이뤄진다. 전문가와 일반인 사이의 구분도 덜한 편이다. 활동가나 블로거들도 토론을 풍부하게 한다. 하지만 전문가들은 이런 문제에 참여해야 할 특별한 의무를 가지며, 로트블랫 같은 사람들이 그 영감을 주는 본보기다.

실제로 모든 분야의 과학자들은 자신들이 하는 일의 일부를 공공 정책으로 돌려 정부나 기업, NGO의 개인들과 함께할 준비가 되어 있어야 한다. 영국의 뛰어난 수학자이자 한때 퍼그워시 회의 의장과 왕립학회 회장을 맡았던 마이클 아티야Michael Atiyah는 이에 대해 다음과 같은 훌륭한 비유를 들어 설명했다. 만약 여러분에게 10대 자녀가 있는데 관심을 기울이지 않는다면 여러분은 형편없는 부모일 것이다. 비록 아이들에게 끼치는 영향력이 한정적이라 해도 말이다. 마찬가지로 과학자들은 전문 분야가 무엇이든 간에 자신들의 아이디어가 가져온 결실, 즉 자신들의 창조물에 무관심해서는 안 된다. 과학자들의 영향력은 제한적일 수 있지만 그래도 상업적 측면이든 다른 측면이든, 이로운 부산물을 일구기 위해 노력해야 한다. 그리고 자신의 일이 의심스럽거나 위험하게 활용되는 데 가능한 한 저항해야 하며, 대중과 정치인들에게 그 위험성을 경고해야 한다. 무엇보다도 과학자들의 의견은 1장에서 강조했던 글로벌한 도전과제를 다루기 위한 적절한 정책을 수립하는 데 중요하다.

하지만 정부나 대기업에서 일하는 과학자들은 공개적인 캠페인을 하는 것에 어느 정도 제한이 따른다. 이런 일은 오히려 독립적인 기업가나 학계 인물들에게 더 쉽다. 사실 대학은 자체적으로 연구된 전문지식을 자연과학이나 사회과학과 연관성이 있는 문제로 전달해야 할 의무가 분명히 있다. 코로나-19 대응 기간 동안에도 당연히 이런 상황이 펼쳐졌다. 각국의 학계에 종사하는 과학자들은 바이러스 변종을 분석하고, 백신을 개발하고, 감염 확산이나 마스크 및 실내 환기의 영향 등을 모델링하는 데 중요한 역할을 맡았다. 코로나-19의 압박이 완화되면 바이러스에 대해 더 잘 대비할 수 있도록, 좀 덜 긴급한 다른 위협에도 관심을 기울일 필요가 있을 것이다.

이런 광범위한 정책적 영역에 조금이나마 기여하기 위해, 내가 근무하는 케임브리지대학교의 몇몇 연구진은 2012년 생존위험연구센터(CSER)[6]를 설립한 바 있었다. 합성생물학이나 인공지능 같은 진보된 기술로 말미암아 발생하는 극단적인 사건에 초점을 맞추는 것이 목표였다. 이곳이 필요한 이유는, 사람들은 연구가 많이 이뤄진 작은 위험에 대해서는 지나치게 염려하는 반면, 확률은 낮지만 커다란 결과를 일으킬 사건은 부정하기 때문이다. 후자는 잠재적으로 너무 치명적인 나머지 단 한 번의 사건이라도 용납할 수 없다. 그렇기에 우리는 이런 시나리오에 더 많은 관심을 기울여야 한다. CSER을 설립하도록 주도한 사람은 철학과의 버트런드러셀교수직을 맡아 케임브리지대학에 도착한 지 얼마 되지 않았던 휴 프라이스Huw Price였다. 그는 스카이프 사 공동 창립자인 얀 탈린과의 우연한 만남에 자극을 받아 이 기관을 만들었다.

이러한 문제에 대한 내 관심은 최소한 2003년에 출판한 책 《인간생존확률 50:50(Our Final Century)》으로 거슬러 올라간다. 물론 이미 1980년대에 퍼그워시 회의를 비롯한 학제 간 회의에 참여하고 그보다 훨씬 전부터 사회운동에 참가하기는 했지만 말이다. 나는 CSER이 광범위한 국제적 연결고리를 갖춘 잘 다져진 기관이 되기를 열망한다. 물리학, 유전학, 생물 다양성 분야에 대한 강점을 감안할 때 케임브리지대학 같은 대학은 전문지식과 인력을 한데 모으는 능력을 활용해 정책적 문제를 해결해야 한다. 특히 어떤 글로벌 위협이 진짜이고 어떤 위협이 공상과학으로 간주될 수 있는지를 결정하고, 진짜 위협을 줄이는 방법을 탐색해야 할 것이다.

영국에서 CSER과 비슷한 일을 하는 또 다른 기관은 옥스퍼드대학교의 미래인류연구소(FHI)다. 이곳은 지금은 고인이 된 제임스 마틴James Martin이 거액의 기부금을 내서 설립한 옥스퍼드의 마틴스쿨[7]에서 파생되었다(내가 알기로 마틴은 내 저서를 읽고 영향을 받아 책을 저술했고 마틴스쿨에 기부금을 희사했다). 이곳의 창립자인 경제학자 이언 골딘Ian Goldin은 세계은행에서 여러 고위직을 역임하면서 국제적인 인맥을 보유하고 있었는데(해마다 스위스에서 열리는 다보스 포럼에 참가해 세계화를 주장하는 '다보스맨' 중 한 사람이었다), 다수의 글과 저서를 통해 학계에서 명성을 얻었다. 골딘은 그 자리에 걸맞은 자질을 갖춘 사람이었다. 그리고 그의 후임자인 찰스 갓프레이Charles Godfray는 영국 정부와 유엔을 거치며 환경·식량·보전 문제를 적극적으로 해결하려 애썼던 저명한 생태학자다. 미국에는 이런 '꼬리가 긴' 위협에 대해 비슷한 방식으로 초점을 맞추는 대학 기반의 그룹과 싱크탱크가 몇 개 있다. 하지만 이런 잠재적인 글로벌 재난에 대한 전 세계 여러 나라의 전체적인 노력은 여전히 불균형적으로 작다. 위험성이 너무 높은 나머지 이런 기술로 인한 재앙이 닥칠 확률을 1,000분의 1로만 줄이더라도 노력을 들일 만한 가치가 있는 것 그 이상이다.

정부에 자문하는 과학자들은 '내부자'가 된다는 장점이 있지만 코로나-19 같은 긴급 상황을 제외하고는 영향력이 제한적이다. 따라서 이들은 블로그나 저널리즘을 통해 NGO에 관여하거나, 목소리를 증폭시키는 매체를 활용할 수 있는 카리스마 있는 개인들의 협조를 구하는 방식으로 영향력을 강화해야 한다. 물론 내부자가 아닌 외부자라면 더욱더 필요한 일이다.

이것은 기후 정책에서 특히 중요하다. 여기서 나는 사람들이 집단적으로 의견을 바꾸도록 대중의 인식을 높인 4인방을 특별히 언급하고 싶다. 먼저 2015년 프란치스코 교황의 두 번째 회칙이었던 〈찬미 받으소서〉*는 파리기후회

---

* '공동의 집'인 지구를 돌보는 것에 관한 내용이다.

의의 20번째 당사국 총회에서 참가국들이 합의로 가는 길을 원활하게 닦는 데 도움이 되었다.[8] 또 우리의 세속의 교황이라 할 만한 데이비드 아텐버러는 텔레비전 프로그램과 연설을 통해 해양 오염을 의제로 올렸을 뿐 아니라, 야생동물이 받는 위협을 웅변적으로 강조했다. 빌 게이츠 역시 탄소 배출량 제로를 달성하기 위한 실질적인 정책을 옹호하고자 자신의 명성을 활용했다. 마지막으로 환경운동가 그레타 툰베리Greta Thunberg는 이번 세기말에도 지구상에 여전히 숨 쉬며 살아 있을 젊은 세대에 힘을 북돋웠다.

정치인들은 대중과 언론의 압력에는 확실히 반응한다(어떤 기관에 소속된 자문에게는 그렇지 않더라도 말이다). 이들은 장기적으로 현명한 결정을 내릴 테지만 그로 인해 선거에서 표를 잃지 않을 것이라 느낄 때만 그렇다. 조금 다른 맥락이긴 하지만 전 유럽연합 집행위원장 장클로드 융커는 이렇게 말했다. "우리는 무엇을 해야 할지 안다. 다만 그렇게 한 이후 재선되는 방법을 모를 뿐이다."[9]

우리는 정책을 조금 더 장기적으로 숙고해야 한다. 우리는 조상들이 남긴 유산에 얼마나 많은 빚을 지고 있는지 안다. 그런 만큼 우리 자신도 '좋은 조상'이 되기 위해서는, 미래 세대에 자원이 고갈되고 위험해진 세상을 남기지 말아야 할 의무가 분명히 있다. 오늘날 아이들은 이번 세기말까지 생존할 것이라 기대할 수 있다. 정책 입안자들은 이 아이들의 생존 기회와 아직 태어나지 않은 아이들의 삶을 고려해야 한다. 이 지점에서 한 가지 권고하고 싶은 사항이 있다면, 장기 공공투자 평가 기준을 정하는 영국 재무부 지침(이른바 '그린북'이라 불리는)의 개정이 필요하다는 것이다. 장기투자의 비용당 가치를 계산할 때 2050년까지의 미래 효용이 갖는 현재 가치를 대부분 연 3.5퍼센트만큼 깎는데,[10] 이 것은 그런 효용들이 장기적인 위협의 완화를 보장한다는 측면에서 확실히 지나치게 높은 수치다.

그뿐만 아니라 우리는 국제적인 차원에서도 조치를 취해야 한다. 어떤 나라도 유행병이나 기후 변화 같은 위협을 스스로 알아서 예방하려 하지 않고, 설사 그렇게 한다 해도 예방할 능력이 없다. 글로벌한 위협을 다루기 위해서는 글로벌한 협력이 필요하다. 세계가 잠재적인 재난을 불러일으키는 시나리오에 대해 탐색하고 그 확률을 최소화하는 조치로 미래의 재앙적 위험에 대비하지 않는 것은 잘못된 '허위 절약'의 방식이다. 실제로 위기가 닥치면 그 비용은 수조 달러가 될 수 있다. 예컨대 코로나-19에 따른 전 세계적인 비용이 20조 달러에 이를 것이라 예상되는데, 여기에 더해 이미 수백만 명의 사망자와 수억 명의 감염자가 발생했다.[11] 이러한 관점에서 보면, 초기 계획과 준비에 전 세계적으로 수천억 달러를 투자하는 것은 결코 터무니없는 지출이 아니다. 이렇게 했다면 분명히 팬데믹의 확산과 영향을 상당히 완화시켰을 것이다.

우리는 전 세계적인 관점에서 이성적으로, 또 장기적으로 생각해야 한다. 그동안 과학이 우리에게 많은 것을 주었지만, 아직도 과학에는 개발되지 않은 자원이 남아 있다. 우리는 과학자들이 정부에 무엇을 어떻게 제공해야 하는지뿐만 아니라, 정부가 과학이라는 사업을 어떻게 지원해야 하는지도 잘 따져보아야 한다.

국경을 넘나드는 과학

전 세계 과학의
거대한 구조적 변화

과학 지식은 집단적이고 공공적이며 국제적인 성격을 띠며, 원칙적으로는 전 세계 어디서든 접근할 수 있다. 하지만 그 이점을 실제로 얻을 수 있는 사람은 과학자 공동체에 '접속'해 있는, 충분히 교육받고 분별력이 있는 계층이다. 그런 만큼 탄탄하고 광범위한 전문성을 키우고 유지하는 것이 각국의 이익에 부합한다. 나는 영국 국민으로서 영국의 대학과 연구가 갖는 입지가 흔들린다면 실망할 것이다. 일단 수도꼭지를 잠그면 다시 트는 것이 쉽지 않은 법이다. 그리고 다른 나라의 과학자들 역시 자국의 대학에 대해 나와 똑같이 생각할 것이라고 확신한다.

　　과학자들이 이렇게 자신들의 직업이 위기에 처했다고 염려하는 일은 과거에도 있었다. 1831년 박식한 지식인이자 컴퓨터공학의 선구자였던 찰스 배비지Charles Babbage는《영국의 과학 쇠락에 대한 성찰》이라는 책에서, '뉴턴 시대부터 현재에 이르는 수학과 물리학 분야의 점진적인 쇠퇴'를 개탄했다(당시 왕립학회의 무용성과 부패에 대한 비판이 주를 이룬다. 나는 이곳의 전직 회장이었던 만큼, 왕립학회가 19세기 이후 어느 정도까지 자체적으로 이런 점을 만회했는지는 내가 아닌 다른 사람들이 판단할 문제다).

과학이 과연 생산적으로 활용되고 있는지에 대한 논쟁도 예전부터 있었다. 배비지의 말을 다시 인용한다.

> 과학 분야에서 당대에는 쓸모없어 보이던 진리도 다음 시대에 심오한 물리학적 탐구의 기초가 되고, 이후에 예술가나 항해자들에게 미리 준비된 일상적인 도움을 제공한다. 추상적인 원리를 활용해 실용적인 쓰임새를 갖도록 하는 것은 한 국가에 중요한 일이다.

오늘날 우리는 배비지가 암시적으로 가정했던 이른바 '선형적인 혁신 모델'이 단순하고 소박하다는 사실을 안다. 과학과 기술 사이에는 양방향에 걸친 상호작용이 있다. 과학은 구조적인 기초뿐만 아니라 향상된 도구에도 의존한다. 예를 들어 천문학이 발전할 수 있었던 것은 주로 더 나아진 기술과 컴퓨터 덕분이다. 안락의자에 가만히 앉아 생각해낸 이론만으로는 거의 해낼 수 없는 일이다. 그래서 흔히 과학의 두 가지 유형을, 응용된 것과 아직 응용되지 않은 것이라고들 한다.

2011년 1월 오바마 대통령은 연두 교서에서 과학기술에 대한 투자를 확대할 필요가 있다고 강조했다. 그는 1960년대 소련의 스푸트니크호에 대한 미국의 대응인 아폴로 계획이 어떻게 기술과 교육에 광범위한 자극을 제공했는지를 상기시키면서 미국이 현재 또 한 번 '스푸트니크의 순간'을 맞이했다고 말했다. 그러면서 '비행기가 중량이 초과되었다 해서 엔진을 제거한다면 안전하게 비행할 수 없는 법'이라고 비유를 들었다. 트럼프 대통령이 재임하면서 잠시 탈선을 겪기는 했지만, 이후 이 메시지는 바이든 행정부에서 다시 이어지고 있다. 팬데믹 회복을 위해 금융 부문에 대한 과도한 의존에서 벗어나 경제의 균형을 재조정해야 하는 영국에는 더욱 중요한 메시지다. 장기적 번영을 추구하고 전 세계적 도전에 직면하기 위한 필수적인 '엔진'이 과학과 혁신임을 인식해야 한다.

정책적 맥락에서 '과학'이라는 단어는 공학 기술을 포용하는 의미로 광범위하게 사용된다. 극소수만 이해할 수 있는, 다소 현실과 동떨어진 분야의 연구자들조차도 자신의 연구가 학계 밖에서 사회적·경제적 영향을 미친다면 분명 기뻐할 것이다. 물론 그들 스스로 그런 응용과 적용을 일구어낼 기질이나 기술을 갖고 있지 않을 수도 있지만 말이다. 그런데 그런 외부적인 결과가 얼마나 예측 가능할지, 또 얼마나 장기적으로 퍼져나갈지를 우리가 항상 알 수 있는 것은 아니다. 의료의 표적 치료 분야에서도 대부분의 신약은 개발되기까지 최대 20년이 걸린다. 게다가 어떤 분야에서는 혁신의 가계도가 시간적으로 훨씬 더 멀리까지 뻗어가며, 더욱 다양하게 가지를 친다. 사실 그렇기 때문에 코로나-19 백신을 전례 없는 속도로 개발했던 국제적인 노력은 특별한 찬사를 받을 만하다.[12]

자금을 조달하고 연구를 조직하는 메커니즘은 국가마다 다르다. 가장 단순한 시스템은 국가의 엄격한 재정 지원을 받는 과학아카데미가 수십 개의 연구기관을 통제했던 구소련의 체계였다. 영국에서는 왕립학회와 함께 (인문학을 다루는) 영국아카데미, 왕립 공학아카데미, 의학아카데미 같은 기관을 통해 연구를 지원하는 강력하고 독자적인 목소리가 보장된다. 미국에서는 국립 과학아카데미, 공학아카데미, 의학아카데미가 비슷한 역할을 한다.

하지만 이러한 서구권의 아카데미는 아무리 독립적이라 해도 직접 통제하는 예산이 정부 기금에 비해 약소하다는 단점을 가진다. 이것은 구소련 시절 러시아나 동유럽의 아카데미들과는 매우 다른 면모다. 그래서 대부분의 서구 국가에서 연구 문화의 건전성은 정부의 우선순위에 따라(하지만 정부와 대등한 입장에서) 납세자의 세금을 전달받는 공공기관에 달려 있다. 미국에는 이런 곳으로 국립과학재단(NSF)과 국립보건원(NIH)이 있으며, 영국에서는 연구위원회가 유사한 기관이다. 이런 기관에서는 공무원과 학계 전문가들로 구성된 자체 위원회가 기금의 배분 방식을 결정한다. 종종 사람들은 여기에 수반되는 시간 소모가 크다며 관료주의에 대해 불평하곤 한다. 하지만 대부분 자금을 작은 덩어리로 쪼개서 분배해야 하는 만큼 이런 특성은 어느 정도는 불가피하다. 한편 이 과정에서 기금이 크게 초과되면 관련자들은 돈을 할당하는 데 따르는 공정성을 우려하기도 한다. 유럽과 북아메리카에서는 이런 공적자금을 사적인 자선 활동으로 보충하기도 하는데, 특히 첨단 기술과 제약 분야에서는 기업이 그런 기부자 역할을 한다(당연히 기부자들은 청렴성과 이념적·상업적 편향성에 대해 점점 더 면밀히 검증받고 있다).

이런 아카데미들은 비록 큰 자금난을 겪고 있음에도 우선순위나 정책에 대해 조언하면서 정부와 효과적으로 관계를 맺을 수 있는 충분한 영향력을 갖고 있다(미국의 국립 과학아카데미는 에이브러햄 링컨이 일부 이러한 목적을 갖고 설립한 반면, 영국의 왕립학회는 사적인 재단으로 남아 있다가 최근에야 공식적으로 정부에 관여했다).

물론 전 세계 과학이 획기적으로 구조 변화를 겪은 것은 동아시아 지역, 특히 중국의 성장에서 비롯했다. 오늘날 우리는 지난 4세기를 지배해온 북대서양 패권의 종말 단계를 목격하고 있다. 중국의 연구개발 분야 지출은 이제 미국에 이어 세계에서 두 번째로 높은 수준으로 올라섰고, 일부 핵심 분야에서는 1위를 차지하고 있다. 중국을 이끄는 기술관료들은 영리하게도 유전체학과 인공지능 같은 성장 분야에 대한 과학적 투자를 목표로 삼았다. 그리고 정부가 경제활동에 개입하는 중국의 혼합경제 체제는, 미국과 어깨를 나란히 하고 유럽의 어떤 기업보다도 규모가 큰 회사들을 성장시킬 수 있게 했다.

하지만 중국과 같은 통제 국가에서는 놀랍지 않은 일이지만, 국가가 아닌 대기업들이 (주요 기술 분야에 대한 커다란 기여에도 불구하고) 권력을 사용하는 데 대한 불안이 있었다. 그래서 2021년에는 실제로 마윈('알리바바'의 회장)을 비롯한 주요 CEO들의 권력을 통제하려는 시도를 볼 수 있었다. 서방의 관측통들은 이것을 양면적으로 바라보고 있다. 전 세계에 걸쳐 있는 미국의 비슷한 회사들도 유사한 조치를 받게 될 것 같다는 분위기가 널리 퍼져 있지만, 다국적 합의가 이루어지지 않는 한 그런 조치가 효과적으로 부과될 가능성은 낮다. 또 원자력이나 5G 인터넷 같은 전략적으로 중요한 분야에서 중국 기술에 의존하는 데 대한 우려도 있다. 하지만 중국과 거리를 두는 정책이 유럽이나 미국에 적합할지의 여부는 무엇보다도 아시아와 아프리카 시장에서 미국과 중국 가운데 어느 나라가 우세할지에 달려 있다.

우리는 전자, 양자이론, 이중나선, 컴퓨터에 비견할 만한 21세기의 대응물이 무엇일지, 그리고 미래의 위대한 혁신가들이 자신들을 키우는 훈련과 영감을 어디에서 얻게 될지 모른다. 하지만 한 가지 분명한 사실이 있다. 발견과 혁신에 대한 노력을 지속적으로 기울이지 않는다면 그 국가는 쇠퇴하리라는 것이다. 예컨대 동아시아 지역이 다시 살아나면서 영국은 더 몸집 작은 선수가 될 위험이 있다. 게다가 영국이 브렉시트로 유럽연합에서 이탈하면서, 이전까지 원활했던 유럽 간 협력에 마찰이 초래되었기에 확실히 피해를 입었다. 우리에게 필요한 것은 코로나 사태 이후 과학이 회복의 결실을 나누어줄 수 있다는 희망을 제공할 10년 단위의 로드맵이다. 그러면 기존의 탄탄한 과학 전통을 가졌던 나라들은 글로벌한 도전과제들을 극복하기 위해 필요한 기술을 창출하는 데 자기 몫 이상 기여할 수 있을 테고, 이번 세기 중반까지 지속 가능하고 더욱 공정한 세계를 이룬다는 목표를 달성할 것이다.

아카 데미와 네트워크

나의 아주 사적인
커리어에 대하여

나는 1979년 이사회의 요청으로 왕립학회 회원이 된 이후로 학회 활동에 참여해왔다.[13] 또 지나치다 싶을 만큼 수가 많고 다채로운 그곳의 여러 위원회에도 관여했다. 영국과 영연방의 과학아카데미인 왕립학회는 과학 자체는 물론이고 정부 정책에 대한 조언, 강력한 국제적 차원에 이르는 매우 넓은 활동 범위를 가지고 있다. 2005년에 나는 5년 임기의 학회 회장으로 선출되었다. 그렇기에 내가 과학아카데미에 대한 '내부자'의 관점을 어느 정도 제공할 수 있을 것이다. 물론 다소 편향될 수도 있겠지만 말이다.

왕립학회 회장이라는 자리는 명예직이기 때문에 은퇴하지 않았거나 경제적으로 다른 직업이 필요한 사람이라면 파트타임으로도 일할 수 있다. 하지만 나는 기금 모금, 회원들과의 업무, 대표로서의 행사, 해외 아카데미 회의 참석 등 많은 활동을 해야 했다. 그러니 달리 헌신할 일이 적은 사람이 회장을 맡아야 학회에 이득일 듯했다. 내가 이 일을 하게 되리라는 걸 미리 알았다면 1년 전에 케임브리지 대학의 석사 과정을 맡지는 않았을 것이다. 비상임 직책인데도 많은 시간을 잡아먹었기 때문이다.

내가 왕립학회에서 일하는 동안 해결되지 않은 채 남아 있는 과제가 꽤 많았는데, 기본적으로 그 이유는 학회에 상근 직원이 상대적으로 적어 결과적으로 전문성과 영향력이 한정적이었기 때문이다. 영국 물리학연구소나 왕립화학회 같은 학문적인 학회보다도 직원 수가 적었다. 왕립학회는 근무자 4명의 무료 봉사(물론 다른 여러 회원에 의해 보충되긴 하지만)와 소수의 기존 직원들의 업무에 의존했다. 나는 이런 비효율성을 매우 유감스럽게 생각했다. 왜냐하면 왕립학회의 목소리가 변화를 가져올 수 있는 (과학 및 대학에 대한) 정부 정책에 우리를 불안하게 만드는 몇 가지 경향성이 있었기 때문이다. 고등교육 정책은 정치적인 축구 게임처럼 되어 '산업·대학·과학부'(DIUS)라는 새로운 부처가 설립되었다가 2년 만에 해체되었다. 연구위원회의 자율성은 침해되었고, 방향을 잘못 잡은 재편성이 이어지면서 문제가 더욱 악화되었다.

무엇보다 2008년 금융위기 이후 정부의 긴축 조치에서 과학이 소외되지 않도록 하고 그것을 영국이 현재 강세를 보이는 활동에 대한 투자로 인식되도록 해야 했지만, 모바일 업계나 다른 지역(특히 동아시아)이 빠른 속도로 더 많은 기회를 갖게 되는 세계 속에서 우리는 취약했다. 그래도 나는 왕립학회가 장관들에게 어느 정도 영향을 끼쳤을 뿐 아니라, 보고서를 통해 실질적인 약간의 변화를 일궜다고 평가한다. 하지만 내 후임자들은 더욱 심각한 문제들과 맞닥뜨렸던 만큼, 분명 그만큼의 좌절을 느꼈을 것이다. 브렉시트 이후로 과학계에 닥친 여파를 처리하고, 코로나-19에 따른 과학적 도전과제를 해결하는 데 도움을 주는 문제가 그것이었다.

나는 정부에 대한 과학적 영향력을 강화하기 위해서는 여러 아카데미의 연합이 필요하다고 생각한다. 아마 왕립학회와 왕립 공학아카데미에서 그런 연합을 꾸릴 수 있을 것이다. 이런 연합은 개별 아카데미보다 총 회원수가 훨씬 더 많아질 터이므로, 한 나라의 과학자 공동체 전체를 좀더 신뢰도 있게 대표한다고 할 수 있다. 이때 첨예하게 초점을 맞춰야 할 문제가 있다면, 아카데미나 학회들이 구체적인 개별 정책들에 대해 어느 정도까지 견해를 표출할 수 있는가 하는 문제다. 이 기관들이 과학적 문제에 대한 평가를 제공하고 정책적인 선택지를 제시해야 한다는 건 분명하다. 이들은 자신들의 전문지식의 범위 안에서, 정책적 권고나 학교·대학 커리큘럼에 대한 견해를 제시해야 한다. 하지만 공공연하게 특정 정당을 지지해서는 안 되며, 전문가들 사이에 합의도 이뤄지지 않는 지나치게 논란이 많은 입장을 집단적으로 채택할 수는 없다. 예를 들어 원자력 발전소를 더 많이 짓는 게 옳을까? 이것은 많은 나라에서 전문지식을 가진 사람들이나 그렇지 않은 사람들 모두에서 의견이 대략 반반으로 갈리는 문제다. 나는 개인적으로는 개선된 원자로에 대한 연구개발에 찬성하는 편이지만, 왕립학회는 이 문제에 대해 집단적인 견해를 가져서는 안 된다는 것이다.

하지만 전문가들 사이에 강력한 합의가 도출된다 해도 몇몇 반대자들이 있다면 어떤 문제가 생길까? 이런 상황은 기후 정책의 맥락에서 더욱 날카롭게 대두되었다. 왕립학회는 정책상 집단 성명을 내려면 학회 평의회(담당자들과 18명의 선출 회원으로 구성된다)의 승인이 필요하다. 영국에 기반을 둔 회원은 약 1,000명이고 그중에는 분명 반대하는 사람들이 있을 테지만, 그렇다고 성명에 거부권이 행사되지는 않았다. 이런 상황을 토대로 왕립학회는 이산화탄소 배출에 대한 대규모 감축을 목표로 명시한 영국의 2008년 기후변화법을 지지했다. 2018년에는 영국이 2050년까지 순배출량 제로를 목표로 삼도록 법이 더 강화되었다.

논란을 불러일으킨 또 다른 문제는(다행히 학회의 주요 의제에 비해서는 주변적이지만) '새로운 무신론자'들의 목소리가 큰 한 파벌에서 터져나왔다. 내 생각에 이들은 좋게 봐줘도 버트런드 러셀의 아류인데, 러셀이 수십 년 전 무신론에 대한 자신의 견해를 웅변적으로 표출한 이후로 그들의 주장은 거의 찾아보기 힘들었기 때문이다. 여기에 대한 내 입장은, 왕립학회는 세속의 조직이어야 하지만 반종교적일 필요는 없다는 것이다. 물론 우리는 다윈이 그랬던 것처럼 과학적 증거와 명백히 상충되는 견해(창조론 같은)에는 반대해야 한다. 하지만 그럼에도 우리는 주류 종교들(여러 뛰어난 과학자들이 그 지지자이기도 한)과 평화롭게 공존하기 위해 애써야 할 것이다. 이런 관용적인 견해는 다윈과도 공명하는 바가 있으리라 짐작된다. 다윈은 이런 글을 남겼다. "이 주제 전체가 인간의 지성에 비해 지나치게 심오하다. 개가 뉴턴의 정신을 추측하는 것과 같다. 사람들 각자가 할 수 있는 한 희망과 믿음을 가지게 하자."

만약 교사들이 어린 학생들에게 신과 다윈주의를 동시에 가질 수 없다고 말한다면, 상당수 학생들은 자기 종교를 고수하고 과학을 버릴 게 분명하다. 우리가 과학으로부터 무언가를 배울 때는 원자와 같은 기본적인 개념도 이해하기가 결코 쉽지 않다. 이것은 우리가 존재의 어떤 심오한 측면에 대해 매우 불완전하며 은유적인 통찰을 넘어설 수 있을까 하는 회의를 자아낸다. 하지만 그렇다고 우리가 종교의 문화적 전통, 의식, 미적 산물, 그리고 우리를 가뜩이나 많이 갈라놓는 세상에서 공통된 인간다움에 대한 이해가 필요하다는 사실을 막을 필요는 없다.

왕립학회 창립 350주년인 2010년, 내가 회장으로 일하는 마지막 해에 학회에서는 몇 가지 공식 행사를 진행했다. 다양한 언론 매체를 비롯해 지역 및 국제 행사, 사우스뱅크에서 열린 전시회는 왕립학회의 인지도를 높이고 과학을 대중적으로 알리는 데 도움이 되었다. 세인트폴 대성당에서는 기념 예배까지 있었다(예배가 반쯤 진행되었을 때 화재 경보가 울리는 바람에 참석자들이 건물에서 대피해야 했다는 사실을 알면 '새로운 무신론자'들이 기뻐했겠지만). 그리고 기념행사의 중심에는 로열페스티벌 홀에서 열린 축하 행사가 있었는데, 여왕을 비롯해 다섯 명의 왕족과 세계 각지에서 온 2,000명의 관객들이 참석했다.[14]

BBC는 2010년을 자체적으로 '과학의 해'라고 칭하고 과학 관련 보도를 늘려(물론 과학 보도가 감소하는 추세와 맞물리기는 했지만) 왕립학회의 기념일을 축하했다. 이 계획의 일환으로 나는 리스 강연 연사로 초청받았고, 그 강연 내용을 확장해서《이곳에서 무한까지: 과학의 지평》이라는 작은 책을 펴냈다. 30분짜리 라디오 대담 4편이라니 식은 죽 먹기인 것처럼 보이겠지만, 각기 다른 장소에서 공개 강의를 준비해야 했기에 구성이 오히려 더 까다롭기도 했다.

나는 지난 5년 왕립학회 회장을 지내는 동안 간간이 불쾌한 일도 몇 번은 있었지만 그래도 대단히 흥미로운 행사와 만남을 경험했다. 그리고 내 직위를 생물학자 폴 너스Paul Nurse에게 넘겼는데, 프랜시스크릭연구소의 설립자이자 소장인 그는 사람들이 좋아할 만한 것을 다 하는 인기 좋은 후보였다. 비록 전임자인 나에 비해 훨씬 더 까다롭고 상충하는 책무를 다해야 했다는 사실이 나중에 드러났지만 말이다.

왕립학회 회장 자리에서 일한 덕에 나는 하나의 아카데미에 대한 내부 지식을 갖게 되었다. 물론 국제적인 차원에서 대화가 필요한 문제도 많았다. 예컨대 생물학 실험에 대한 규제, (기후·환경·에너지와 관련 규정을 다루는) G7 및 G20 회담에 앞선 공동 캠페인 등이 그랬다. 이런 문제는 여러 아카데미들의 토론에서 다뤄졌다. 한 가지 걸림돌이 있었다면, 100개국 이상의 나라에서 '아카데미'를 갖고 있기는 해도 그 구성이나 다루는 범위는 제각각이라는 점이었다. 예컨대 미국의 국립 아카데미[15]는 매우 강력한 기관이며, 유럽에서는 영국 말고도 독일, 스웨덴, 네덜란드를 비롯한 여러 나라에 효과적인 아카데미들이 존재한다. 반면에 규모가 작고 사실상 명예직에 불과한 국립 아카데미를 지닌 나라들도 있다. 이런 곳들은 대체로 회원들의 나이가 무척 많은 편이며(최근 일본의 국립 아카데미인 학사원 원장은 임명 당시 84세였다), 그들 나라의 정책에 그럴듯하게 영향을 미친다거나 과학계 전체를 대표해 목소리를 낼 수 없다. 그에 따라 전 세계의 아카데미들은 전체적으로 부분의 합보다 효율적이지 않으며, 특정 주제를 다루는 학회의 연합만큼 유능하지는 않았다. 이런 상황에서 2008년 국제과학위원회[16]에서 약 200개의 조직을 하나로 모으는 반가운 혁신이 이뤄졌다. 국내 아카데미들과 여러 주제별 국제기관들이 여기에 포함되었다. 그리고 물론 특정 문제에 관심이 있는 과학자들은 전 세계적인 보건, 재난 구호, 자연 보전에 중점을 둔 국제 자선단체와 협력해 영향력을 행사할 수 있다.

왕립학회 같은 국립 아카데미들은 각각의 자격 있는 개인 회원들을 가진다. 사실 상당수 회원에게는 학회 회원으로 뽑히는 과정 자체가 개인적으로 가장 흥미로운 활동일 것이다. 그런데 그 선출 과정은 이를테면 과학상 수상 과정에서 보이는 것과 비슷한 취약성이 있다(4장 5절 참조). 회원으로 선출되려면 우선 기존 회원들에 의해 지명되어야 하는데, 우수한 사람들 가운데 지명되지 않는 경우도 상당히 많다. 지명을 받으려면 한 명 이상의 기존 회원들이 주도

해야 하는데 여기에는 약간의 노력(후보자에 대한 정밀하고 철저한 조사)이 필요하기 때문이다. 만약 대부분의 회원들이 양심적으로 의무감을 갖고 후보자에 대한 사전 조사를 잘한다면 이 제도는 괜찮다. 그렇지만 점점 더 바빠지는 학자들에게 아카데미를 유지하는 것이 우선순위에서 멀어진다면, 그래서 학회 회원들이 후보를 지명하는 데 흥미를 잃는다면 점점 문제가 생길 위험이 있다. 신뢰성을 갖추려면, 이러한 '가상의 아카데미'보다 실제 아카데미가 더 강해야 한다는 것이 좋은 기준점이 될 것이다. 그래도 나는 왕립학회가 적어도 현재로서는 그나마 낮은 그 기준점을 훨씬 뛰어넘는다고 주장할 수 있어 조금은 안심이다.

어쩌면 내 경력 가운데 언뜻 보기에 나와 어울리지 않았던 것은, 국제적으로 회원을 모집하는 다소 특이한 아카데미에서 일했던 경험일 것이다. 바로 1936년 교황 비오 6세가 설립한 교황청 과학아카데미[17]다. 70명 남짓한 이곳 회원들은 무신론을 포함해 모든 종교를 아우른다. 여기서는 정기적으로 전체 회의를 개최하지만, 더 가치 있는 것은 전문적인 '연구 주간'이다. 나는 박사후과정에서 은하핵을 연구하던 무렵 여기에 처음 참가했는데, 25년 전 회원이 되어 위원회에서 일하면서 이곳에 계속 관여해왔다. 바티칸에서 이곳을 운영하는 데는 명백한 긴장과 제약이 따르지만, 이런 내부 아카데미는 실제로 상당한 범위까지 긍정적인 영향을 미칠 수 있다.

2014년 5월에 교황청 과학아카데미와 사회과학아카데미가 공동으로 연 회의가 아마도 가장 영향력 있고 가치 있었던 행사로 손꼽힐 것이다. 환경, 생물 다양성, 기후를 주제로 한 회의로서, 경제학자 파르타 다스굽타와 기후학자 V. 라마나단이 공동으로 기획하고(둘 다 힌두교도 출신이다), 경제학자 조 스티글리츠와 제프리 삭스를 비롯해 그 정도 급의 전 세계 환경 및 기후 과학자들이 연사로 나섰다. 이 회의를 특히 더 가치 있게 만든 것은 바티칸 내부의 후속 조치로 2015년 6월 교황의 회칙 〈찬미 받으소서〉가 반포되었다는 사실이다. 이것은 교황청 과학아카데미의 의견에 분명 영향을 받은 것이었다. 이 문서는 교황이 9월 유엔을 방문해 기립박수를 받은 데 힘입어 라틴아메리카, 아프리카, 동아시아의 정치 지도자와 유권자들에게 영향을 미쳤고, 2015년 12월 파리에서 열린 기후변화협약 당사국 총회에서 합의에 이르는 길을 닦았다. 멸종, 이식수술 윤리, 인공지능, 인신매매에 대한 최근의 과학아카데미 회의는 비록 영향력은 조금 줄었어도 여전히 가치가 있어서, 바티칸의 승인이 필요함에도 견인력을 얻고 있다.

2005년에 나는 영국 상원 의원이 되었다. 이 과정은 일단 후보로 지명된 뒤 최종 후보에 오르면 패널의 인터뷰를 받아야 했는데, 면접을 본 뒤 1년이 넘도록 아무런 소식을 듣지 못하다가 뒤늦게서야 임명 대상으로 선정되었다는 이야기를 들었다. 상원 의원으로 선정되려면 정당에 가입하지 않은 무소속이어야 한다는 점이 중요했다. 그런데 나는 지난 30년 동안 노동당 당원이었고, 1992년에는 노동당 당수 키녹의 선거운동을 도왔다. 하지만 이후에는 덜 활동적이었고, 나 스스로도 자신을 '노동당 구파'라고 여겼다. 그랬던 만큼 나는 무소속으로 분류되는 게 더 편했다. 게다가 노동당 측에서 일하는 의원들은 당 원내총무에게 휘둘려야 했기에, 무소속인 사람들보다 시간을 더 할애해야 했다. 그건 분명 내가 할 수 있는 범위를 넘어섰다. (그래도 대부분의 신임 의원들은 총리나 당 지도자의 지명을 받아 나오는 다른 경로로 진입한다. 최근 몇 년 동안 이렇게 임명받은 다수의 사례가 기부에 대한 보상이거나 정실 인사라는 비판을 받았다. 개혁이 필요하며 상원의 규모를 줄여야 한다는 여론도 널리 퍼져 있다. 하지만 여전히 상원 의원이 된다는 것은 명예는 줄어들었더라도 하나의 특권으로 남아 있다.)

나는 솔직히 상원 토론회에서 활동적이지 않았고, 그래서 죄책감을 느꼈다. 나는 내가 쓸모 있게 기여할 수 있다고 생각하는 주제(또는 '조력 존엄사'에 대한 토론처럼 강한 의견을 가진 주제)에 대해서만 발언했다. 또 대학 관련 문제(공정한

입시와 연구 관련)에 대해서도 이야기했다. 특히 나는 영국 연구혁신기구(UKRI) 설립을 소리 높여 반대했는데, 한 명의 최고 지도자 아래 연구 기금이 과도하게 집중화되어 통제하기 힘든 대규모 기관이라는 이유에서였다. 반면에 미국의 국립과학재단(NSF), 국립보건원(NIH), 고등연구계획국(DARPA), 인문학협의회에는 모두 일선 관리자가 한 사람씩 배치되어 있다.

　　의회 위원회 보고서는 장기적인 문제를 철저히 다루면서 정당 간 합의가 필요한 입법을 권고할 때 독특한 가치가 있다. 나는 임기 4년의 상원 과학기술위원회에 두 번 임명되어 일해왔는데(또 유럽연합 문제를 면밀히 조사하는 위원회에서도 일했다), 가장 가치 있었던 활동은 2021년에 '위험 평가 및 위험 계획에 대한 특별조사' 위원회의 구성원으로 활동한 것이었다.[18] 당시 나는 20여 명의 의원들의 지원을 받아 이 조사를 이끌었다. 코로나-19에 대한 초기의 혼란스러운 대응을 보면 영국이 얼마나 긴급 상황에 준비가 부족한지 드러났기 때문이다. 물론 팬데믹은 예측할 수 없지만 아예 발생 가능성이 없지는 않았다. 더욱이 우리는 다른 여러 재앙에 대해서도 염두에 두어야 한다. 이런 재난 가운데 일부는 전 세계적이지만, 사이버 공격, 전력망 붕괴, 방사능 누출, 오래된 기간시설의 고장, 홍수처럼 특정 지역에서 일어나는 것들도 있다. 사실 이런 재난은 드물기 때문에 간과하기가 쉽다. 하지만 최악의 경우, 단 한 번만 발생해도 감당하기 힘들 만큼 매우 파괴적일 수 있다. '익숙하지 않다고 해서 그 일이 아예 일어나지 않는 것은 아니다'라는 현명한 문구를 마음에 새겨야 한다.

이 위원회는 훌륭한 위원장인 제임스 아버스낫을 비롯해 7명의 전직 장관과 2명의 전직 국방부 장관을 포함한 영향력 있는 무소속 상원 의원들의 지원을 받았다. 그 밖에도 85명이 공식 문서 작성에 입회해서 증인으로 서명하는 연서인이 되었는데, 그 가운데는 중앙정부와 지방정부, 군사, 기업, 과학계의 사람들뿐만 아니라 우리와 경험을 공유할 수 있는 외국 전문가들도 몇몇 포함되었다.

영국 정부는 〈국가위험등록부〉라는 보고서를 발행하고 있다. 이 보고서는 발생 가능성과 심각성 측면에서 여러 위협을 분류하고, 적절한 준비와 예방책에 대한 지침을 공공과 민간 부문에 제공하는 포괄적인 문서로 구성되었다. 연서인들 가운데 상당수는 이 보고서가 아직 부족한 점이 많다고(또한 준비 과정에서 과도하게 비밀에 싸여 있다고) 안타깝게 여긴다. 이 보고서가 인플루엔자의 위험성은 강조했던 반면 그 밖의 어떤 유행병도 100명 넘는 사망자를 낼 가능성이 없다고 평가했던 전적은 유명하다. 게다가 재난이 발생했을 때 여러 부문을 넘나들며 연쇄적으로 영향을 끼칠 가능성도 제대로 고려하지 않았다. 예컨대 많은 국가에서 전염병은 교육 시스템에 막대한 영향을 미쳤다. 그래서 우리는 의회의 특별위원회와 연례 토론을 통해 면밀한 검토를 거친 '재난 준비 및 복원청' 설립을 제안했다.

국가적 차원에서 우리는 복원력과 효율성 사이의 균형을 재조정할 필요가 있다. 예를 들어 제조업자들이 글로벌 공급망과 무재고 방식의 적기 공급에 의존한다면, 그 사슬에서 하나만 끊어져도 취약해져서 타격이 크다. 그러니 무재고 방식의 공급보다는 만일을 위해 다량의 재고를 확보하는 방식으로 옮겨야 한다. 또 다른 예로, 병원의 중환자실 점유율을 높게 유지하는 것은 일상적인 상황에서는 효율적이지만, 응급 상황을 위한 여유분이 너무 적다는 의미에서 현명하지 못하다.

물론 전 세계적인 초대형 위협을 완화시켜야 한다는 것은 국제적인 도전과제다. 예컨대 인터넷을 더욱 복원성 높게 개선하고, 전 세계적으로 수십 곳에 달하는 최상위 보안(레벨4) 생물학 실험실들이 실제로 안전한지 확인하고, 세계보건기구가 신종 바이러스를 신속하게 식별할 수 있도록 자원을 확충해야 한다. 마지막으로 우리 위원회가 전달하고 싶은 메시지는, 첨단 기술이 발달하고 상호 연결된 세계는 위험에 취약하다는 것이다. 깊은 통찰력을 좀 더 발휘하지 않으면 우리는 앞으로 수십 년 동안 험난한 여정을 겪어야 한다.

국가는 잠재적인 재난에 대비할 필요가 있다. 그러려면 국가 기간시설과 '인적 자본'을 국가의 안녕을 증진시키는 방향으로 돌려야 한다. 그리고 이 빠르게 변화하는 세계에서는, 과학이야말로 우리가 위협에 대처하도록 도울 뿐 아니라 경제적·사회적 발전에 결정적인 역할을 수행한다. 이제 4장에서는 이러한 목표를 달성하기 위해, 교육과 연구 환경을 어떻게 최적화해서 사람들이 과학의 길을 걷도록 장려할 수 있는지에 대해 다룰 것이다. 좀 더 일반적으로 말한다면, 나는 과학을 중요한 공공 문화로 만들기 위해서는 과학에 대한 사람들의 이해를 광범위하게 넓히는 작업이 필수적이라고 생각한다. 즉 과학이 무엇이고, 그것이 무엇을 성취할 수 있는지에 대해서 말이다.

과학에서
최고의 것을 얻기

Getting the
Best from
Science

교육에 대하여

과학적 창의성을 최고로 높이려면

국가 기풍의
중요성

나는 오늘날 여러 선도적인 과학자들, 다시 말해 이론적이 거나 실험적인 혁신을 이룬 과학자들을 알게 되어 행운이라고 여긴다. 이들은 성격도, 전문 분야도 다양하지만 대부분 몇 가지 공통점을 가지고 있다. 우연히 과학적 발견을 이룬 몇몇을 제외하면 대개 특정한 연구 분야에 직업 경력을 걸었고 그 선택은 옳았다.

물론 그들이 선택한 길은 예측하기 힘들고 지적인 보상을 얻기까지는 오래 걸리곤 한다. 2010년 노벨 물리학상을 수상한 러시아 출신의 두 과학자 안드레이 가임Andrei Geim과 콘스탄틴 노보셀로프Konstantin Novoselov는 '성공적이고 뛰어난 외톨이'의 표본이다. 두 사람은 탄소 원자가 원자 하나의 두께만 한 격자를 형성해 강도가 뛰어나고 잠재적인 여러 쓰임새를 갖는 신소재 그래핀을 만들 수 있다는 예상치 못한 발견을 했다.[1] 입자물리학이나 우주과학 분야에서 일하는 사람들과는 대조적으로 이들은 큰 장비가 필요하지 않았다. 이들이 했던 결정적인 실험의 준비물 가운데는 스카치테이프도 포함되어 있었다. 하지만 둘은 자기 인생의 몇 년과 스스로의 평판을 이 과제에 걸었다. 그리고 맨체스터대학은 두 사람이 필요로 하는 안전과 지적인 자유를 제공했다.

우리는 특정 연구 프로젝트가 언제, 어떻게 성과를 거둘지, 심지어 성과를 거두기는 할지 확실하게 예측할 수 없다. 그 프로젝트의 결과물을 활용해서(활용할 수만 있다면) 사회적·경제적 이득을 안길 시점이 언제인지도 미리 점칠 수 없다. 하지만 성공은 양육 환경에 따라 정해진다. 왕립학회 회장을 지냈던 생화학자 에런 클루그Aaron Klug는 다음과 같이 말한다.

과학이 제공하는 통찰력은 주로 문제에 대한 긴밀한 이해를 발전시킬 수 있는 인내심을 가진 사람들, 직업적인 위험을 감수할 여유와 자유를 가진 사람들, 그리고 그렇게 할 때 마주하는 뜻밖의 일을 창의적으로 활용할 방법을 아는 사람들로부터 온다. 이들은 지속적으로 차이를 만드는 사람들이다. 우리는 어디에서든 이들을 찾아서 키워내야 한다.

자신감과 의욕은 과학·예술·기업 활동을 막론하고 창의성과 혁신, 위험 감수를 이끌어낸다. 그리고 공공연하게 협력하지 않았다 하더라도 어떤 성과를 특정 개인에게만 돌려서는 안 된다. 지적인 토양과 사회적인 환경을 조성하는 사람들도 중요하다.

그래핀을 어떻게 응용해야 할지 탐색하는 일은 그것을 발견하는 것보다도 더 많은 자원을 필요로 했다. 이것은 놀라운 재료다. 얇은 시트 모양의 구조가 매우 강력한 힘을 가지고 있으며, 정말 놀랍게도 시트 두 장이 특정한 방식으로 정렬될 때 전기에 대한 초전도체처럼 작동한다. 이러한 속성 중 일부는 대학이나 정부에서 지원하는 연구기관에서 팀을 꾸려 탐색하고 활용할 수 있다. 실제로 유럽연합은 이 목표를 달성하는 데 10억 유로를 할당했다. 하지만 대규모 제조업을 통해 큰 성과를 거두려면 스마트폰이나 신약 등 첨단 분야에서 성공을 거뒀던 형태로 작업하는 하이테크 기업의 자원과 전문지식이 필요할 것이다.

연구라는 분야에서 2등은 거의 중요하지 않다. 국제적으로 통할 탁월성을 보이는 것이 전부다. 연구자들은 어떤 주제가 흥미로운 과학적 연구를 산출할 가능성이 있는지 판단할 수 있는 최고의 전문지식을 갖고 있으며, 자신들이 영향을 미칠 분야를 선택하려는 강력한 동기를 가진다. 가장 좋은 연구와 그럭저럭 봐줄 만한 연구가 받는 보상의 차이는 (어떤 기준을 통하더라도) 수천 퍼센트는 된다. 그렇기에 세금을 내는 시민들에게 그만큼 돈값을 하려면, 단순히 사무실 관리를 통해 효율성을 개선해서 몇 퍼센트의 비용을 절감하는 것만으로는 충분하지 않다. 그보다는 최고의 인재를 끌어들이고 최고의 자격을 가진 사람들의 판단을 지지하며, 그들을 적절히 지원함으로써 큰 돌파구로 나아갈 기회를 극대화해야 한다.

그러한 인재들을 끌어들이고 육성할 수 없다면 연구 중심대학들은 국제적인 경쟁력을 유지하지 못할 것이다. 물론 과학자들은 지원금을 제공하는 사람들에 대해 책임이 있지만, 실적이 좋은 사람들은 협소한 외부 목표에 제약을 받기보다는 그들 자신의 판단을 따를 수 있어야 한다.

자금 지원 기관에서는 어떤 사람들에게 지원을 할 것인지, 아니면 특정 프로젝트에 지원을 할 것인지 사이에서 지속적인 긴장을 겪는다. 하지만 안타깝게도 후자의 선택지가 더 흔하며 행정적으로도 깔끔하다. 그뿐만 아니라 자금 제공자가 진행 상황에 대한 분기별 보고서를 요구하고, 명시된 목표를 향해 나아가는 단계를 추적할 수 있게 한다. 하지만 역사적으로 보면 가장 큰 발전으로 이어지는 것은, 규칙에 얽매이지 않고 자유분방하게 이뤄지는 연구와 조사인 경우가 많았다. 활기찬 연구 그룹에서 커피를 마시며 대화를 나누는 동안 사람들이 새로운 아이디어를 던지고 최신 발견에 대해 토론을 하는 건 흥분되는 일이다. 최고의 연구기관들은 모두 이런 분위기를 조성한다(나 역시 그중 한 곳에서 일할 수 있어 행운이었다). 하지만 이렇듯 특권적인 환경 속에서도 요즘의 젊은 동료들은 삭감된 보조금이나마 얻고자 제안서를 작성하고 고용 안정성을 위해 예전보다 애쓰는 것 같다. 이러한 걱정과 우려가 이 뛰어난 신진 연구자들의 마음을 지나치게 괴롭힌다면, 우리가 여러 문제에서 돌파구를 얻을 전망은 나락으로 떨어질 것이다.

영국뿐만 아니라 유럽연합, 미국을 비롯한 여러 지역에서 과학과 교육에 공적자금을 할당하는 기관들은 '생산량'을 정량화하기 위해 더욱 상세한 '성과 지표'를 제시하는데 초점을 맞추고 있다. 이것은 물론 기준을 높이고 책임성을 개선하며 유익한 파생 효과를 얻을 가능성을 높이려는 최선의 의도를 가지고 있다. 그렇지만 실제 결과는 종종 그 반대다. 최상의 전문적인 수행을 방해하는 것이다. 대학 연구는 사회와 경제에 논란의 여지가 없는 이익을 제공한다. 그렇지만 리그전 성적표에 표시될 수 있는 측정 가능한 것들에만 초점을 맞추다가는 정책을 왜곡하고 장기적인 이득을 해할 위험이 있다.

연구는 제로섬 게임이 아니다. 만약 다른 유럽 국가들 가운데 최상위권 연구 대학이 더 많다면, 그것은 오히려 영국에 실질적인 자극을 줄 것이다. 더 자주 이동하도록 동기를 부여받고 더 좋은 기회를 잡을 수 있기 때문이다. 그러면 유럽은 재능 있는 인재들을 위한 선택지로서 북아메리카(그리고 중국이나 싱가포르)보다 우선하는 강력한 매력을 제공하게 될 것이다. 실제로 1970년대 이후로 유익한 변화가 있었다. 당시 영국의 젊은 과학자들은 모두 미국 대학에서 연구비를 받고 일하면서 유럽의 젊은 과학자들을 만나곤 했는데, 다들 미국에 모였기 때문이었다. 이제 유럽 국가들 사이의 교류는 더 많아졌다. 물론 중국, 인도, 일본, 한국, 싱가포르와의 교류도 늘었다. 하지만 유감스럽게도 브렉시트 이후의 영국에서는 이로 인해 심각한 후퇴의 위험으로 이어질 수 있다. 현실에서도 그렇고 인식의 측면에서는 더욱 그렇다.

이른바 '거대과학' 분야에서는 오랫동안 유럽 국가들 사이에 협력이 잘 이루어졌다. 유럽의 컨소시엄 협력단은 그야말로 진정한 우수성을 보여주었다. 대형 강입자 충돌기(2장 5절 참조)의 본거지인 스위스 제네바의 유럽입자물리연구소(CERN)는 적어도 향후 10년 동안은 입자물리학 분야에서 세계 최고의 연구소로 남을 수밖에 없다. 유럽의 우주 탐사 프로그램은 미국이 국방 프로젝트나 유인 우주 비행에 훨씬 더 많은 돈을 쓰는 것과 비교하면 전반적인 규모 면에서 결코 미치지 못한다. 하지만 유럽이 로봇공학에 집중한다면 미국과 동등해지는 것은 물론이고 우주과학(환경 모니터링을 포함한) 분야에서 우위를 점할 수 있을 것이다. 그러는 동안 NASA는 그리 유용하지도 않고 영감을 주지도 않는 유인 우주 탐사 프로그램에 훨씬 더 많은 예산을 낭비하게 될 것이다.

물론 입자물리학과 우주, 천문학 분야의 대표적인 프로젝트가 과학 연구의 전형이라고 할 수는 없다. 하지만 이 분야는 장기적인 자금을 지원받을 좋은 징조이며, 유럽이 최적의 연구 협력 공동체를 발전시키면 미국과 완전히 대등해질 수 있다는 가능성을 보여준다. 그리고 유럽입자물리연구소나 유럽우주국(ESA), 유럽남방천문대(ESO, 현재 세계 최대 규모의 광학망원경을 건설하는 중이다)가 별도의 약정으로 관리된 것은 유럽에 다행한 일이다. 여기서는 브렉시트로 인해 영국이 유럽에서 추방되지 않았기 때문이다.[2]

첨단 기술 과제를 해결하는 데 필요한 전문지식을 육성하는 것, 예컨대 새로운 백신을 개발하고 청정에너지 전환을 가속화하는 기술을 키우는 것은 모든 선진국에게 이득이다. 물론 연구 자체가 대학이나 산업, 정부 연구소 중 어느 한 곳에 집중될 수는 있다. 모든 국가가 이 세 가지 사이에서 비슷하게 균형을 맞추지는 않는다. 하지만 중요한 전제조건은 효과적인 교육 시스템과 과학적 성과를 장려하고 동기부여하는 국가의 기풍이 있어야 한다는 것이다. 그리고 공공의 이익을 위한 과학적 혁신을 발전시키고 활용하는 것은 광범위한 공학과 기예, '사람의 기량'에 달려 있으며, 학문적인 고등교육의 길을 선택하지 않은 젊은이들이더라도 이들에 대한 교육과 훈련이 개선되지 않으면 실패로 돌아간다는 점을 기억해야 한다. 따라서 학문적 엘리트뿐만 아니라 모든 젊은이들을 대상으로 한 18세 이전의 교육은 국가가 번영과 성공을 거두는 데 매우 중요하다.

과학자 육성하기

국제적 관점

중국, 타이완, 한국, 싱가포르를 비롯한 동아시아의 여러 국가에서는 빠른 경제 발전의 열망을 충족시키는 데 무엇보다 교육이 우선시된다. 이 나라들의 학교 교육은 핵심적인 측면에서 이미 서구를 앞서고 있다. 영국과 미국 학생들의 학업 성취도는 국제적인 기준에서 볼 때 뒤떨어지며,[3] 이것은 서방 국가들의 미래를 생각할 때 암울한 징조다. 모든 학생이 훌륭한 과학 교사를 접하기에는 이런 교사의 수가 충분하지 않다. 어린이들은 종종 공룡과 우주(아이들의 삶과는 아예 동떨어져 있지만 매혹적인 주제인)에 열광하면서 과학에 호기심을 보이곤 하지만, 이 아이들이 열정을 계속 쌓아 올리도록 영감을 주는 가르침을 박탈당하는 경우가 아주 많다. 그 결과 학생들의 상당수는 경쟁력 있는 대학 과정에 입학할 기회를 잃으며, 심지어 과학에 대한 관심을 아예 '끄기도' 한다. 이런 문제를 해결하려는 몇몇 계획이 수행되어 어느 정도 긍정적인 추세도 보이기는 하지만, 그래도 실질적인 개선은 더디게 진행될 것이다. 단기적인 관점에서는 다음 세 가지를 실시할 수 있다. 첫째는 학교에 우수한 교사들을 유지할 여건이 되는지, 그들의 급여가 합당한 수준인지 확인한다. 둘째, 학생들이 장차 연구나 산업 분야, 군대에서 직업을 찾는 대신 교직으로 진출하도록 격려한다. 마지막으로 인터넷과 원격 학습을 더 잘 활용하도록 한다.

대학 수준에서 서구는 다른 지역 국가들에 비해 여전히 더 나은 위치를 점하고 있으며, 특히 영국 대학들은 좀 더 높은 순위를 차지한다. 물론 영국의 대학에도 문제가 있기는 하지만, 유럽 본토의 더 큰 나라들에 있는 대학보다는 상대적으로 높다. 여러 대학 순위표의 정확성이 의심스럽다는 점에 대해서는 비판적으로 바라봐야 하지만, 그래도 영국이 전 세계 대학의 '1부 리그'에 여러 곳을 순위에 올린, 미국 외의 유일한 국가라는 점을 유념해야 한다.

하지만 여러 국가를 이동하는 학계의 인재를 유치하고 보유하는 영국의 힘은 이제 위기에 빠져 있다. 브렉시트가 일으킨 차질을 딛고 국제 경쟁력을 유지하기 위해서라도 영국은 상황을 개선해야 한다. 오늘날에는 우수한 학생들을 위한 국제적인 시장도 형성되어 있다. 그들은 학문적인 자산이며 국제 관계와 교류에 대한 장기적인 투자다. 이 학생들은 졸업 후 온갖 직군에 진출하고 글로벌한 네트워크를 이뤄, 어디서나 최고의 아이디어를 붙잡고 달려갈 준비가 되어 있을 것이다. 현재 많은 대학이 중국 출신 학생들에게 초점을 맞춘다. 이들은 2021년 기준으로 영국 전체를 통틀어 약 10퍼센트(주요 대학에서는 약 20퍼센트)를 차지했다.

　물론 잠재적으로 적대국이라고 간주되는 나라에서 학생을 받아들이는 데 대한 우려가 종종 제기되었다. 하지만 나는 이런 우려가 과장되었다고 생각한다. 오늘날 중국에서 수행하는 연구의 질과 양은 아주 대단해서, 우리가 교류를 억제하면 득만큼이나 실도 있을 것이다. 게다가 분명 더 논란이 될 주장을 하자면, 나는 우리가 심지어 이란과도 교류를 유지해야 한다고 생각한다. 과거에는 이란 학생들을 핵물리학 같은 학과에 입학을 거부한 적이 있다. 하지만 이 학생들은 미국이나 영국에서 어떤 장벽에 부딪혔든 상관없이 어딘가에서는 핵물리학을 배울 것이기 때문에, 차라리 그 과정에서 우리와 접촉을 유지하는 것이 확실히 더 낫다. 그래야 아무도 그들을 알지 못하는 사이에 비밀 프로젝트가 진행될 가능성이 줄어든다. 2015년 이란의 핵무기 개발 억제를 목표로 한 다국적 회담에서 그러한 도움을 받았던 명백한 사례가 있다. 이란의 원자력부 장관 알리 아크바르 살레히가 미국 협상팀에게, 당시 미국의 에너지부 장관이던 저명한 물리학자 어니스트 모니즈를 포함시켜달라고 요청했던 것이다. 두 사람은 MIT에서 함께 공부하면서 서로를 잘 알고 신뢰하는 사이였다.

대학에서 교육과 훈련을 받은 졸업생들이 해외로 떠나는 현상은 또 어떤가? 오늘날 서구 국가들과 중국, 싱가포르, 타이완, 한국처럼 경제가 발전한 국가들 사이에서 일어나고 있는 일을 묘사하자면, '두뇌 유출'보다는 '두뇌 순환'이라는 표현이 더 적합할 듯하다. 수십 년 전과 달리 이민자들은 이제 그들의 모국과 연락을 계속 취할 수 있다. 소통 수단이 항상 열려 있고, 여행도 훨씬 쉽고 저렴하게 가능하다. 그래서인지 미국에 본사를 둔 거대 기업 중 세 곳이 오늘날 인도 출신의 CEO를 보유하고 있다. 마이크로소프트(사티아 나델라), 구글/알파벳(순다르 피차이), IBM(아르빈드 크리슈나)이 그렇다.

하지만 이러한 이동성도 개발이 덜 된 국가들에는 거의 위안이 되지 않는다. 이런 국가들은 고도로 훈련된 인재가 극소수일뿐더러, 그들을 자국에 보유하거나 외국에 나간 사람들을 다시 끌어들이는 것도 힘든 도전이다. 선진국들은 이런 점을 유감스럽게 여겨야 하며, 그 손실을 바로잡아야 할 의무감을 느껴야 한다. 특히 아프리카 국가들이 겪는 곤경은 최악의 수준이다. 의료계 종사자의 절반가량이 자국에서 떠나고 싶어 하지만 출국 조건을 갖추지 못한 경우가 많다. 만약 선진국으로 이주했다 해도 의사 자격증을 인정받지 못해 택시 운전을 하게 된다면 이것은 곱절로 비극이다. 농학과 공학을 비롯해 아프리카 국가들이 잠재력을 개발하는 데 필요한 다른 모든 전문 분야 또한 마찬가지다. (그리고 전 세계적으로 인류가 발생시킨 이산화탄소의 대부분을 배출한 북반구 국가들은 기후 변화에 대처하기 위한 조치를 지원할 특별한 책임이 있다.)

이런 최빈국들은 전문지식을 가진 인재들이 최소한 자국에 정기적으로 방문하도록 장려하면서 디아스포라 이주자 집단과 관계를 유지해야 한다. 하지만 부유한 국가들도 약간의 책임은 져야 할 것이다. 예컨대 야심 있는 과학자들이 외국의 전문가들과 연계되어 좀 더 만족스러운 조건에서 일할 수 있는 '우수 연구센터'를 아프리카를 비롯한 여러 지역에 설립하는 것이 아마도 비용 대비 효율적인 원조의 한 형태가 될 수 있을 것이다. 그러면 이들이 이민을 가지 않고도 잠재력을 발휘할 수 있고, 자국에서 고등교육을 탄탄히 다질 수 있을 것이다. 또 1장에서 언급했듯이 그들의 미래가 달린 청정에너지와 집약 농업 분야의 과제에 대해 다른 나라와 협력할 수 있을 것이다. 또한 잘 교육받은 인재 한 사람이 선진국에 '유출'되었다면 인재를 받아들인 국가는 두 명을 더 훈련시킬 만한 자원으로 보답하는 것이

공평해 보인다.

　사실 그동안 지적 고립의 위험에 처한 과학자들을 지원하기 위해 어느 정도 규모의 노력이 있었다. 예컨대 국제이론물리학센터(ICTP)는 1964년에 훌륭한 물리학자 압두스 살람Abdus Salam에 의해 설립되었는데, 당시 제3세계라고 불리던 지역의 물리학자들이 지적 충전과 소통을 위한 곳을 만든다는 목적이었다. 이탈리아 트리에스테 근처의 미라마레에 자리한 이 센터의 멋진 건물에서는 물리학과 환경과학 분야의(물리학이 주가 되기는 하지만) 회의를 개최하고 교육 프로그램을 진행한다. 또한 살람은 '제3세계 과학 아카데미'(TWAS, Third World Academy of Sciences)를 설립하기도 했다. 현재는 동일한 약어를 유지한 채 정식 명칭만 '개발도상국의 과학 발전을 위한 세계과학아카데미'(The World Academy of Sciences for the advancement of science in developing countries)라고 좀 더 '정치적으로 올바른' 이름으로 바꾸어 사용하고 있다. 이곳 역시 트리에스테에 기반을 두고 있으며, 개발도상국 과학자들 사이에 국제적인 접촉을 증진하는 것을 목표로 한다.[4]

과학 인재를 유치하고 지원하기

학자의 길이 매력을 주려면

과학계의 젊은 인재 가운데 교사나 연구원이 될 사람은 일부일 것이다. 하지만 충분한 수가 이런 직업을 선택하는 것이 다음 세대에게 중요하다. 과학자들을 학계로 끌어들이는 전통적인 타협안은 그들이 학생을 가르치는 대가로 자신이 선택한 분야의 연구에 시간을 할애할 수 있고, 필요한 지원에 대한 합리적인 전망을 가질 수 있게 하는 것이다. 이런 약속은 하버드대학이나 버클리대학, 스탠퍼드대학 같은 곳에서 분명히 성과를 거두었으며 미국에 엄청난 자산이 되었다. 영국 또한 이러한 조건을 위험에 빠뜨려서 자국의 훌륭한 기관들을 위태롭게 해서는 안 된다.

젊은 인재들이 학계에 전혀 매력을 느끼지 않는다면 우리에게는 나쁜 소식일 것이다. 앞에서 인용했던 19세기의 혁신가 찰스 배비지는 이에 대해 다음과 같이 말했다.

이제 심오한 과학 분야에 헌신할 수밖에 없는 한 젊은

남성에게 어떤 전망이 있을지 알아보자. (*사실 배비지는 에이다 러브레이스라는 통찰력 있는 여성을 협력자로 두었음에도 여성에 대해서는 언급하지 않았다.) 그는 어떤 전망을 갖는 가? 열정이라는 빛나는 연필이 그 앞에 놓인 여백에 색을 더할 수 있을까? (…) 그는 어떤 사업을 함께하자 거나, 자신의 재능이 꽤 괜찮은 보상으로 돌아올 법조 계 직업을 선택하라는 친구들의 간청에 어떻게 답할 수 있는가?

오늘날에도 이런 긴장과 갈등은 존재한다. 케임브리 지대학에서 일할 때 나는 졸업반 공학도들에게 어떤 진로 계획을 갖고 있는지 물었다. 한 명을 제외하고는 모두 금융 업이나 경영 컨설팅을 지망하고 있었다. 하지만 특히 요즈 음처럼 영국이 금융 부문 의존도를 줄이고 첨단 제조업과 서비스업 쪽으로 좀 더 균형을 맞춰야 하는 시기에는, 구직 자들을 과학 분야에 끌어들일 수 있어야 한다(대개 이들은 금 융 중심가인 시티오브런던의 직장이 그렇게 대단한 존경은 받지 않더라 도 직업적 커리어에 대한 선택권이 있고, 여전히 엄청난 연봉을 제공한다 는 것을 중요하게 여긴다). 우리는 면적이 약 1제곱마일밖에 되 지 않는 시티오브런던이 전 세계 금융계에서 담당하는 역 할을 생각하곤 한다. 하지만 오늘날 케임브리지나 옥스퍼드 같은 역사 깊은 대학이 자리한 1제곱마일에서 잉태된 사상이 전 세계에 미치는 영향에 비할 수 있을까? 우리는 이곳의 선조들이 성취한 바에 대해 수줍어해서는 안 된다. 우리는 그것을 기리고 그 역할을 계속 유지할 수 있도록 박차를 가해야 한다. 전 세계 모든 국가에서 가장 똑똑한 젊은 이들이 과학·기술 분야를 매력적인 기회로 인식하는 것은 세상을 위해 매우 중요하다.

물론 책벌레에 가까운 사람들은 어떤 어려움이 있어도 학자의 길에 들어설 것이다(나도 그중 한 명이다). 하지만 세계적 수준의 대학 시스템은 그들의 힘만으로는 살아남을 수 없다. 대학은 야심을 가진(자신의 선택지를 잘 알고 30대까지는 독창적인 무언가를 성취하겠다는), 유연한 재능을 가진 젊은 이들을 끌어모아야 한다. 어쩌면 지금 이들은 학계가 전망이 불확실하고 과도한 금전적 희생을 요구한다고 여길지도 모른다.

내가 한 신문에 이 주제에 대한 사설을 쓰자 편집자는 '내가 젊은 학자가 아닌 것이 기쁜 이유'라는 제목을 달았다. 물론 그건 맞는 말이다. 다만 학계가 지금보다 덜 붐볐을 때, 그리고 (1960년대를 거치며 고등교육의 전반적인 확장세에 편승해) 일자리가 여전히 빠르게 성장하고 있었을 때 뛰어든 게 행운이라고 느끼는 정도다. 대학 교수진은 이미 젊은 세대가 나이 많은 세대보다 많고, 은퇴한 사람들은 따로 자기 자리를 만들었다. 사실 젊을 때 연구자들을 이끌고 싶다는 열망이 생기는 것은 합당한 생각이다. 하지만 지금은 사정이 많이 달라졌다. 예컨대 미국에서는 국립보건원으로부터 첫 보조금을 받는 사람들의 평균 나이가 44세까지 올랐다.[5]

　　많은 나라에서 더욱 우려스러운 경향이 있다. 내부 감사 문화를 비롯해 세부적인 성과 지표로 결과를 정량화하려는 흐름이다. 자유분방한 연구에 찬사를 보내는 학자들은 종종 대중에 대한 의무를 무시하는, 상아탑 속 오만한 사람들로 비난받을 위험이 있다. 하지만 학자들은 그런 주장에 반격해야 한다. 연구 프로젝트를 선택하는 일은 결코 사소한 일이 아니다. 자기 삶의 큰 부분과 전문가로서의 명성이 걸려 있다. 단순한 돈 문제라고 볼 수 없다.

　　1980년대에 영국에 도입된 '연구 평가 시스템'은 처음에는 선의의 목적으로 시작되었다. 훌륭한 연구를 수행하는 학과에 학생당 더 많은 공적 지원금을 할당해서, 해당 학과의 교수 대 학생 비율을 개선하고 교수들에게 연구 시간을 더 확보해주기 위한 것이었다. 물론 이것은 여전히 추구되는 목표다. 하지만 지금은 굉장히 왜곡되었다. 대학 당국은 다음번 연구 평가에서 어떤 분야가 점수를 가장 잘 받을지에 초점을 맞춰 직책을 임명한다. 게다가 이런 압력은 젊은 학자들을 두 가지 비뚤어진 방향으로 이끈다. 위험성이 높은 연구를 피하고, 학생 가르치는 일을 경시하게 만드는 것이다. 그러므로 연구 평가를 성가시지 않게 하는 것이 대학 교육을 개선하는 가장 효과적인 방법이다. 그럴 경우 헌신적인 학자들이라면, 품질 높은 연구를 하는 효율적인 대학이 가장 좋은 지원을 받을 것이라고 판단하는 데 뒷받침이 될 것이다.

그뿐만 아니라 현재의 인센티브 시스템 역시 문제가 있다. 분명히 학계에서 하는 일의 일부여야 할 광범위한 교육 업무와 장학금 업무를 과소평가하는 것이다. 1960년대 영국의 대학을 확대시키기 위한 선언문인 '로빈스 보고서'[6]는 학자의 임무에 대해 이렇게 언급했다. 한 사람의 학자는 가르치는 것, 연구하는 것, 그리고 '반성적 탐구'라는 세 가지 임무를 가진다고 말이다. 오늘날 학자들은 반성적 탐구를 힘들여 해나가는 중이다. 그것은 교육과 연구를 풍요롭게 하는 방법일 뿐만 아니라, 그 자체로도 중요하다.

뒤에서도 설명하겠지만(4장 6절 참조), 오늘날에는 '시민 과학자'들의 참여가 두드러진다. 이들은 인터넷을 통해 데이터 수집과 연구 발전에 도움이 되는 여러 작업에 참여하는 취미 활동가들이다. 하지만 앞으로 수십 년 안에 발생할 만한 더 긍정적인 추세가 있다면, 첨단 기술 사업에서 상당한 자원을 얻은 전문가 수준의 독립 과학자들이 개척적인 연구에 참여하는 일일 것이다. 이들은 어쩌면 19세기의 다윈이나 레일리 경을 비롯한 부유한 학자들이 그랬던 것처럼, 제도적 제약에 억눌리지 않고 지적인 지형을 풍부하게 하며 새롭고 독창적인 관점을 제공할 수 있을 것이다.

대학,　공공, 민간

연구를 가장 잘 수행하고
가장 잘 활용하는 곳

내가 이 책에서 강조하려고 했던 주장 중 하나는, 과학적 노력의 잠재력을 과소평가하거나 너무 협소한 관점으로 보아서는 안 된다는 것이다. 과학 연구는 다양한 기관에서 이루어지며, 의욕적이고 안정적인 자금 지원이 필요하다. 상당수 사람들은 과학 연구가 주로 대학에서 집중적으로 이루어진다는 관념에 익숙하다. 하지만 이것은 미국과 영국의 시스템으로, 모든 곳에서 보편적이지는 않다. 이런 연구 대학은 19세기 초 독일의 훔볼트에 의해 개척되었지만, 사실 오늘날 독일에서 가장 훌륭한 연구자들 대부분은 막스플랑크연구소에 있다. 그리고 프랑스에서는 국립과학연구원(CNRS)의 공무원으로 재직한다. 그러니 교수직과 연구직을 혼합해 학계에서 일하는 형태는 앵글로색슨 모델인 셈이다. 물론 지금은 동아시아에서 이 모델이 널리 채택되고 있지만 말이다.

치열하고 지속적인 노력을 요구하는 연구 프로젝트

에서 대학이 언제나 가장 적합한 환경인 것은 아니다. 장기적인 지원을 제공할 수 있는 전용 연구소도 몇몇 맥락에서는 선호된다(유능한 연구자들이 학생들과 접촉할 수 없다는 단점이 있지만). 실제로 영국이 생물의학 분야에서 특별히 위력을 발휘했던 이유 가운데 하나는, 오늘날의 대학에서는 어려울 수도 있는 장기적인 풀타임 연구의 연구실들이 존재했기 때문이다. 게다가 영국 정부의 자금은 웰컴트러스트*, 암 자선단체, 강력한 제약 산업에 의해 대규모로 보충된다. 마찬가지로 미국에서도 국립보건원의 자금은 하워드휴즈재단을 비롯해 거대한 규모의 민간 자선 사업으로 보충된다. 그리고 과거에도 산업연구소들이 흥미롭긴 해도 다소 비현실적인 주제를 연구하기 시작한 사례들이 있다(가장 유명한 곳은 뉴저지 머레이힐에 있는 벨연구소[7]다).

또 새로운 발견을 효과적으로 이용하기 위해서는 필요할 때 적절한 생산 역량을 제공할 수 있는 공공 또는 민간 조직이 연구기관을 보완해야 한다. 이런 행운의 연결고리는 백신 개발과 생산, 바이러스 변종 분석 등 최근의 팬데믹 상황에서 그 가치를 확실히 입증했다. 마찬가지로 여러 나라들은 에너지, 기후, 사이버 분야에 대한(또한 1장에서 강

---

*   런던에 기반을 두고 건강·보건 분야 연구에 중점을 둔 자선 재단.

조한 글로벌 과제를 해결하는 데 필요한 자연과학과 사회과학의 모든 분야에서) 전문지식을 육성하는 것이 필수적이다. 그리고 비현실적이지만 독창적인 추론과 장기적인 프로그램, 비상사태에 대한 신속한 대응을 촉진하기 위해서는 다양하게 서로 보완하는 힘을 갖춘 여러 기관에서 연구와 개발을 수행해야 한다.

연구 대학들은 부분적으로는 대학 연구소에서 산업계로 직접 지식을 전달해 경제적인 이득을 주기도 하지만, 아마도 모든 분야에 걸쳐 뛰어난 인재를 제공하는 것이 사회에 더 큰 혜택일 것이다. 이런 간접적인 이점은 중요하기는 해도 계량화하기가 힘들다. 그래도 연구 대학들은 독립적인 전문지식의 원천으로서, 전 세계 어디에서든 새로운 아이디어와 연결된 인재들을 공급한다. 게다가 최고의 연구팀을 보유한 대학들은 다학제적이기 때문에, 직접적인 지식 전달을 수행하는 데서는 단독 연구소보다 유리하다. 그리고 앞서 언급했듯이, 대학은 자연과학이나 사회과학과 연관성이 있는 문제에 대해 정부에 조언을 제공할 의무가 있음을 받아들여야 한다.

미국의 훌륭한 대학과 주변의 첨단 기술 기업단지의 공생 관계는 유명하다. 특히 팔로알토 지역과 스탠퍼드대학, 보스턴과 하버드/MIT 사이의 공생이 그렇다. 물론 대서양 건너 영국에도 비슷한 관계가 있다. 예컨대 케임브리지대학[8]과 옥스퍼드대학의 주변에는 역동적인 첨단 기술 공동체가 성장했다. 이곳은 실패가 미래의 성공을 위한 한 단계가 될 수 있도록 지원하는 환경이 된다. 이런 환경은 기회를 집중적으로 제공하기 때문에, 성공을 위해 개인적인 대격변이 필요하지 않다. 영국의 시인 찰스 코튼의 말을 빌리자면, 이런 도시들은 '위험도가 높은 일을 할 수 있는 위험 낮은 장소'가 되었다. 또한 세계 최고 수준의 연구 대학뿐만 아니라, 글로벌 기업을 위한 연구센터에서 스타트업 회사에 이르기까지 유럽 최고의 첨단 기술 기업이 집중된 장소라고 할 수 있다. 이곳을 통해 학계와 역동적인 첨단 기술 공동체 사이에 진정한 공생 관계가 발전했는데, 이것은 개인들 간의 우정이나 두 부문 사이의 자유로운 이동으로 더욱 자극을 받았다.

여기서 나는 학계 최고의 연구자일 뿐만 아니라 사업에도 정통해 인상적인 능력을 갖춘 케임브리지대학의 동료 가운데 두 명 정도만 언급하고 싶다. 먼저 노벨상 수상자이자 내 후임으로 트리니티칼리지 학장을 지낸 그렉 윈터Greg Winter는 '케임브리지 항체 테크놀로지'라는 스타트업 회사에서 몇 년에 걸쳐, 전 세계에서 가장 많이 팔리는 약을 개발했다. 또 샹카르 발라수브라마니안Shankhar Balasubramanian

은 자신의 스타트업 솔렉사Solexa에서 유전자 염기서열 분석 기법을 공동 발명했으며, 나중에 이 스타트업을 미국 회사인 일루미나에 거의 100배의 가치인 약 6억 파운드에 넘겼다. 이처럼 매우 유망한 스타트업이 대개 미국 기업으로 일찌감치 인수된다는 것은 유감스러운 일이다. 그리고 이는 영국에도 피해를 준다. 물론 마이크로소프트, 구글, 삼성 등 몇몇 거대 기업이 케임브리지대학에 연구소를 설립하기는 했지만, 이는 환영할 만하기는 해도 완전한 위안을 주지는 못한다.

유럽은 여전히 스타트업 육성에서 뒤처져 있다. 유럽에서 조달할 수 있는 벤처 자금은 미국보다 훨씬 빠듯하다. 그중 한 가지 지표는, 새로 생기는 '유니콘 기업'(자본금 10억 달러 이상인 스타트업 회사)[9]이 얼마나 되는지다. 2021년 유럽에서 새로 등장한 유니콘 기업은 영국이 27곳, 독일이 15곳, 프랑스가 8곳, 스위스가 5곳이다. 하지만 갈 길은 아직 멀다. 미국에서는 같은 해에 유니콘 기업이 288곳 만들어졌기 때문이다. 그래도 그동안 미국 서부 해안의 기업 문화가, 생명공학에서 우주과학에 이르기까지 이런 분야의 학문적 영향력에서 높은 순위를 차지하는 영국에서 제대로 뿌리를 내렸다. 영국이 아직 이 전문지식을 상업적·사회적 이익을 위해 최적으로 활용하지는 못하고 있지만 그럴 잠재력은 풍부하다. 하지만 오늘날처럼 모든 것이 급변하는 시기에 영국의 연구개발 분야에 대한 비정부 투자가 주변의 다른 국가들보다 낮은 점은 장애물로 작용한다. 영국의 GDP에서 연구에 할애되는 비중은 1.7퍼센트인데, 2.2퍼센트인 프랑스, 3.2퍼센트인 독일, 4.3퍼센트인 한국과 비교된다. OECD 평균은 2.5퍼센트다.

득보다 실이 많은 과학상

시스템은 과연
공정한가

무엇이 과학자들에게 동기를 부여하는가? 내가 방금 앞에서 언급한 예외적인 사례에서는 뛰어난 과학자들이 자신이 발견한 결과에서 부수적인 대가를 이끌어냈다. 하지만 학계 종사자들 대부분의 주된 열망은 부유해지는 것이 아니다. 그보다는 어떤 현상에 대한 과학적 이해를 증진시키는 것 자체로 만족을 얻으며, 동료들의 존경을 받고 학계에서 승진하는 것이다. 그렇기에 이러한 시스템의 공정성에 대한 관심이 높아지고 있으며, 시스템에 더 큰 다양성을 보장해야 할 필요성이 있다.

우리 공동체 전체에서 인재가 육성되고 장려받지 못한다면, 이것은 분명 '자책골'이다. 누구든 그가 내는 성과는 지원 인프라에 달려 있다. 그리고 이 시스템에서 젊은 동료들이 일자리와 안정성을 위해 서로 경쟁한다는 느낌이 든다면 결코 건전하다고 할 수 없다. 바로 이런 이유로, 나는 여러 유명한 상에도 양면성이 있다고 생각한다. 민간 부문에서 임금 불평등 현상이 기괴할 정도로 한쪽으로 치우쳐 나타나는 것처럼, 운 좋은 소수의 과학자에게 대중의 찬사가 집중되는 것도 마찬가지다. 내 생각에 이것은 다음의 이유들 때문이다.

매년 뉴스와 언론은 오스카상과 노벨상, 영어로 쓰인 소설에 대한 부커상, 시각예술 분야의 터너상 같은 시상식을 크게 다룬다. 하지만 이런 상이 존재하는 게 과연 우리에게 좋을까?

이런 회의론자들의 목소리는 특히 2019년에 두드러졌다. 부커상에서는 한 사람의 확실한 수상자가 나오지 않았다. 그래서 이전 해와는 달리 소설가 두 명이 공동으로 수상했다. 더 놀라운 것은 터너상의 경우, 네 명 모두가 상을 나눠 받아야 한다는 최종 후보들의 요청에 심사위원들이 동의했다는 점이다. 이러한 결정들은 비난을 받았다. 몇몇 사람들은 심사위원들이 일을 제대로 하지 못했다고 여겼다. 하지만 예술적 가치에 대한 평가는 본질적으로 주관적이며, 그래서 불화와 논쟁을 일으키곤 한다. 그래서 좀 더 안전한 선택은 (비록 재미없고 따분할지 모르지만) 많은 사람이 투표하도록 하는 것이다. 예컨대 매년 수천 명이 오스카 '최고의 작품상' 수상자를 선정하는 투표에서 한 표를 던질 권한을 부여받는다.

올림픽에서는 얘기가 조금 다르다. 아무도 육상 100미터 금메달을 결승 진출자 모두에게 공동으로 주어야 한다고 제안하지 않는다. 우승자를 가리는 기준은 꽤 분명하다.

그렇다면 과학자들에게 주어지는 상은 어떨까? 과학 분야의 문외한이라면, 과학은 객관성이 지배하기에 운동경기와 마찬가지로 논란이 없어야 한다고 생각할지도 모른다. 하지만 현실은 그렇지 않다. 과학의 특정 분야에서 어떤 과학적 진보가 중요한지에 대해 동의하는 것은 쉽다(물론 서로 다른 분야의 상대적인 지위에 대해서는 이견이 있을 수 있다). 하지만 특정한 진보에 대해 누구의 공로인지 인정하고 배분하는 것은 그렇게 쉽지 않다. 터너상 수상자의 창작물은 수명이 짧지만 그래도 창작자 자신의 것이다. 그들이 그 특정한 예술작품을 제작하지 않았다면, 결국 아무도 그렇게 똑같이 만들지 못했을 것이다. 하지만 과학 분야에서는 만약 A가 특정한 발견을 하지 않았다 해도 조만간 B가 그것을 발견했을 것이다. 게다가 각각의 진보는 다른 사람들의 작업에 기반을 둔다. 어떤 과학자의 업적도 진정으로 독자적인 것은 아니다. 마치 축구에서 골을 넣은 사람의 성공이 경기장의 다른 선수들, 그리고 경기장 밖의 감독과 독립적이지 않은 것과 마찬가지다.

노벨상은 물론 훌륭한 역사와 위대한 전통을 지니고

있지만 과학의 일부 분야만을(모든 분야가 아니다) 다루고 있으며, 수상자 선정에 대한 논란도 자주 있었다. 노벨상 위원회가 3명 이상에게 공동으로 상을 주기를 거부하면서 부당한 결과를 낳았고, '거대과학'이 실제로 어떻게 진전하는지에 대해 오해의 소지가 있는 인상을 주었다. 왜냐하면 과학적 발견은 많은 사람이 힘을 모아 협력해야 가능한 경우가 많기 때문이다.

2017년 노벨 물리학상은 중력파를 감지한 '레이저 간섭계 중력파 관측소', 즉 라이고(LIGO)의 업적에 돌아갔다(2장 5절 참조). 여기에 대한 보고서에는 저자가 1,000여 명이나 있었지만 실제로 상을 받은 사람은 3명에 불과했다. 그리고 2015년 노벨 물리학상은 대규모 지하 장비를 활용해 '중성미자' 연구를 수행한 일본과 캐나다 두 연구팀의 수장에게 주어졌다. 반면에 이 발견에 대한 브레이크스루상*은 5개 연구팀의 팀원 모두를 명시적으로 인정했다. 또 2011년 노벨 물리학상은 우주의 팽창을 가속화하는 빈 공간에 숨은 '암흑 에너지'에 대한 놀라운 발견을 한 천문학자들에게 돌아갔다. 하지만 내가 자세히 지켜본 바에 따르

---

* 2013년부터 물리·수학·생명과학 분야에서 업적을 세운 연구자들에게 수여하는 상.

면, 이 연구는 각각 최대 20명의 구성원을 가진 두 개의 독립된 연구팀에 의해 수행되었다. 그렇지만 수상자는 3명뿐이었다. 팀의 다른 구성원들도 뚜렷한 기여를 했고, 상당수는 상을 받은 사람들만큼이나 충분히 차별화된 실적을 보였음에도 불구하고 말이다. 그래서 이 경우는 라이고 사례보다도 만족스럽지 못했는데, 아마도 수상자로 선정된 세 사람이 특별히 뛰어나고 장기간의 성과 기록을 갖추고 있다는 데 대한 팀 간의 합의가 있었을 것이다.

발견이 확실한 팀 작업이 아닐지라도, 여러 사람이 동일한 주제를 각자 별도로 연구해서 거의 동시에 결승선에 도달했을 수도 있다. 예컨대 힉스 입자는 1960년대에 입자물리학 분야의 '최고 성과'로 등장한 개념이다. 이 입자의 존재를 예측하는 데는(물론 많은 연구가 그 토대로 작용했다) 6명이 핵심적인 역할을 했다는 데 많은 사람이 동의한다. 그중 평생 가장 강력하고 지속적인 성과를 보인 임페리얼칼리지의 톰 키블Tom Kibble은 나중에 입자가 발견되었을 때도 노벨상으로 자기 몫의 인정을 받지 못했다. 또한 입자의 존재가 예측되고 나서 거의 50년이 지나 엄청난 규모의 실험을 수행해 실제로 입자를 발견한 1,000여 명의 뛰어난 팀원들역시 어느 누구도 인정받지 못했다.[*]

그뿐만 아니라 노벨상은 과학의 거대한 다른 영역을

배제한다. 예컨대 수학이 포함되지 않았다는 것은 잘 알려져 있다. 또한 우주, 해양, 기후, 생태와 같은 환경과학 분야 역시 제외되었다. 컴퓨터과학, 로봇공학, 인공지능도 마찬가지다. 그래서 노벨상은 현재 과학에서 어떤 분야가 중요한지에 대한 대중의 인식을 왜곡하고 있다. 또한 동시에 병렬적으로 수행되는 작업이나 협력 작업의 공로를 적절하게 인정하지 않는 결과를 초래해, 과학이 어떻게 이루어지는지에 대해 오해의 소지를 안긴다.

이런 노벨상의 결점과 공백은 부분적으로는 새로운 상을 제정한 자선가들에 의해 해결되는 중이다. 그중 몇몇은 노벨상에 비견될 만큼 화려하고 요란하게 홍보되며, 심지어 상금이 더 크기도 하다. 예컨대 미국과 러시아를 넘나드는 억만장자인 유리 밀너가 제정한 상은 힉스 입자를 발견한 유럽입자물리연구소의 실험물리학자 1,000명의 과학자 집단에 수여됐다. 그뿐만 아니라 철학 부문에서 100만 달러의 상금을 수여하는 베르그루엔상도 있다(이 상은 널리 존경받는 사회 참여형 지식인을 대상으로 하며, 다음 3명에게 서로 다른 해에 각각 주어졌다. 마사 누스바움, 오노라 오닐, 루스 베이더 긴즈버

---

* 힉스 입자와 관련한 노벨 물리학상은 2013년 영국의 피터 힉스와 벨기에의 프랑수아 앙글레르에게 돌아갔다.

그가 그들이다). 전반적으로 오늘날 주요 상은 과학과 인문학 분야 모두에서 학문의 지형을 넘나들며 예전보다 균형 있게 수여된다. 어떤 상은 상당한 명예를 부여하지만 상금은 아주 적은 반면, 그 반대인 상들도 있다.

어떤 이들은 소수의 지식인을 일시적으로 유명 인사의 지위로 끌어올려 세간의 이목을 집중시키는 대규모 상의 존재를 환영해야 한다고 주장한다. 하지만 단점도 존재한다. 언론에서는 노벨상 수상자들에게 한마디씩 해달라고 요청하며 이들은 과도하다 싶은 존중을 받는다. 하지만 아무리 최고의 과학자들(그리고 예술가들)이라 해도 보통은 자기 전문 분야에 국한된 지식을 갖고 있기에, 더 넓은 주제에 대한 그들의 견해는 특별한 무게를 지니지 않는다. 가장 위대한 과학자들 가운데 일부는 대중적으로 공개된 연단에 서면 당혹감을 느낀다. 또 아무리 괴짜라 해도 어떤 대의명분을 지닌 수상자를 찾을 수는 있다. 또 일부는 수상을 위해 자신의 지위를 이용하기도 한다. 그리고 수상자들이 반드시 특출나게 뛰어난 지성인인 것은 아니다. 가장 위대한 과학적 발견 가운데 일부는 평균적인 대학 교수보다 지적으로 뛰어나다고 할 수 없는 사람들에 의해 우연히 이루어졌다.

그래서 상당수 사람들은 굳이 사기를 북돋거나 경제

적 보상을 할 필요가 없는 이들에게 상을 수여하는(가끔은 자의적이고 독단적인 방식으로) 것의 사회적 이익에 의문을 제기하고 있다. 이들은 '누구나 승자이고 다들 상을 받아야 하지'라는 《이상한 나라의 앨리스》에 등장하는 도도새의(그리고 2020년 터너상 심사위원들의) 편을 든다.

나는 여러 상의 심사위원에 조금씩 참여하면서 회의감이 깊어졌다. 누가 무엇을 했는지, 거기에 얼마나 많은 노력(또는 행운)이 수반되었는지에 대한 합의가 있더라도, 이러한 기준의 가중치는 사람마다 다를 수 있다. 게다가 후보자에 대해 제대로 알아보기도 전에 공식적인 후보자 지명이 필요한 경우도 있어서, 가장 명망 있는 후보자가 지명되지 않은 걸 유감스럽게 여길 수도 있다.

나는 2013년 영국 논픽션 분야의 큰 상인 새뮤얼존슨도서상의 심사위원장을 맡기로 수락하면서 과학이라는 '편안한 전문 분야'에서 멀어졌다. 200종 가까운 출품작을 50종으로 줄인 예비 심사는 거칠었고, 이미 어느 정도 정해져 있었다. 심지어 이후의 심사 단계 역시 상당히 자의적이었다(예컨대 전쟁 발발 100주년을 맞아, 이미 과잉 공급되고 있는 제1차 세계대전 책만으로 최종 후보작 전체를 뽑았다). 역사적 인물에 대한 전기를 쓴 최종 수상작 선정은 분쟁이나 파업을 동반했던 부커상 시상식과는 달리 평화로운 합의로 이루어졌다. 하지만 내 생각에는, 아주 다른 분야인 곤충에 대한 책을 최종 후보에 더했다고 해도 우리 중 누구도 불만을 품거나 놀라지 않았을 것이다.

지금까지 언급한 상들은 과거의 업적을 기념하고 보상하는 것을 목표로 한다. 하지만 이제는 '도전과제 상'에 대한 관심 역시 높아지고 있다. 이 상은 앞서의 상들과는 반대로, 중요한 문제를 해결하기 위한 미래의 노력을 장려한다. 오늘날 가장 유명한 예는 캘리포니아에 있는, 그리스계 미국인 기업가 피터 디어맨디스의 재단에서 운영하는 'X 상'이다. 이 상은 도전과제가 주어지고, 각 과제를 처음으로 해결하는 사람들에게 1,000만 달러 안팎의 상금이 제공된다. 이 시스템이 갖는 특별한 장점이 있다면, 각 과제에 대해 모든 도전자가 지출한 총 자금의 액수가 상금을 훨씬 넘어선다는 것이다. 그렇기에 각 대회는 사회적으로 가치가 있거나 대중의 큰 관심을 받는 목표를 향해 비용 대비 효율적인 인센티브를 제공한다.

사실 이런 도전과제 상은 오랜 역사를 가지고 있다. 예컨대 나폴레옹 군대에서 식량을 보존하는 법에 대한 상은 식품 통조림의 발명으로 이어졌다. 그리고 한 세기 뒤에 또 다른 상은 린드버그의 대서양 횡단 단독 비행을 자극했다. 비교적 최근에는 준궤도 우주 비행, 무인 자동차, 위험한 환경에서 작동하는 로봇에 대해 상이 주어졌다. (그리고 일부 주제는 수상자가 나오지 않았다. 지금으로부터 한 세기 전에 프랑스의 한 재단은 외계 생명체를 처음 발견한 사람에게 10만 프랑을 주겠다고 제안했지만 수상자는 없었다. 심지어 화성에서 외계 생명체를 찾는 일은 너무 쉽다고 여겨졌기 때문에 화성은 논외로 간주되기까지 했다!) 일반적인 자금 지원 형태와 비교하면 이러한 상은 개성 강한 참가자를 장려한다. 이들은 대중의 관심을 끌 수도 있다. 예컨대 로봇공학 분야는 관중 앞에서 진행 상황을 모니터링하고 객관적으로 기록을 측정하는 스포츠로 발전시킬 수 있다.

하지만 가장 유명한 도전과제 상은 18세기 초로 거슬러 올라간다. 1714년 영국 의회는 효과적인 해상 경도 측정 방식을 찾기 위해 2만 파운드(오늘날의 가치로는 수백만 파운드)의 기금을 설립하는 '경도법'을 통과시켰다. 이 과제는 결국 요크셔의 목수이자 시계 제조업자였던 존 해리슨이 18세기 공학의 승리 가운데 하나인 크로노미터를 개발하는 것으로 이어졌다. 크로노미터는 흔들리는 선박에서 대서양을 가로지르는 항해 뒤에도 20초 이내로 시간을 유지했다. 경도는 크로노미터에 의해 기록된 그리니치 정오와 특정 지역 정오(태양이 하늘에 가장 높게 자리한 시점으로 추론한)의 차이로 결정되었다. (이 경도위원회는 한 세기 동안 계속 이어지며 계기 장비나 극지 탐사에 자금을 지원했다. 사실상 최초의 정부 출연 연구기관이었다.)

이제 약간의 개인적인 이야기를 덧붙이며 이 글을 마치려 한다. 원래 경도위원회의 당연직 구성원 8명 가운데는 왕립 천문학자, 왕립학회 회장, 케임브리지대학 천문학 교수가 포함된다. 그리고 나는 이 세 가지 직책을 다 거쳤다. 2014년이 되자 경도법 300주년을 기념할 무언가를 만드는 게 적절해 보였고, 나는 오늘날 당면한 과제를 해결하기 위한 경도기념상 제정을 솔선해서 제안했다. 그리고 이 아이디어는 이미 몇 가지 도전과제 상을 운영하고 있는 독립 공공기관 '네스타'의 대표 제프 멀건에 의해 채택되었다. 영국 정부 또한 이 계획에 1,000만 파운드 규모의 지원금을 내놓았다. 나는 세상에 변화를 가져올 수 있는 여섯 가지 주제의 최종 목록을 선정할 자문위원회의 의장을 맡았다.

먼저 우리는 도전과제 선정 과정에서 대중과 언론이 관여해야 한다고 결정했다. 그에 따라 BBC는 과제 후보를 선전할 여섯 개의 프로그램을 각각 제작했고 이어 대중의 투표를 받았다. 투표에서 선정된 과제는 환자의 질병이 세균 때문인지 바이러스 때문인지를 저렴하고 빠르게 식별하는 도구를 설계해, 바이러스 감염에서는 효과가 없는 항생제의 남용을 방지하는 것이었다. 항생제 내성은 미래의 전 세계 보건에 대해 걱정하는 사람들에게는 엄청난 이슈다. 이 문제는 특히 영국 정부의 전직 수석 의료고문이었던 샐리 데이비스Sally Davis에 의해 의제로 제기되었다. 데이비스는 항생제 남용 때문에 세균들이 표준 항생제에 대한 내성을 진화시킨다면, 우리는 수술 요법의 '새로운 암흑기'에 접어들 것이라고 강조했다. 이 도전과제는 전 세계적으로 200개 이상의 후보를 끌어모았다가 나중에 약 30개로 추려졌다. 이 글을 쓰고 있는 2022년 9월에도 해결 중인 이 과제가 향후 혁신을 가속화해서 개발도상국들에게 큰 도움이 되기를 바란다. 그리고 그동안 관습적으로 상당수 연구 프로젝트에 민간이나 상업 부문에서 자금을 지원했듯이, 이 지원처들이 우리가 최종 선정한 다섯 가지 과제 중 일부를 후원하기를 희망한다. 그중에는 신체가 마비되거나 치매를 앓는 환자를 위한 장치 및 소프트웨어 개발, 새로운 식품, 탄소 배출량 제로의 비행 방식 등이 포함된다.

과학   지식을 공유하기

시민 과학자에서 STEAM 교육까지, 새로운 진보의 시대

우리가 제정한 경도기념상[10]은 1714년에 만들어진 경도법보다 훨씬 더 빨리 대중에게 다가가 참여를 유도했다. 그뿐만 아니라 전 세계에서 후보를 끌어모았다. 이럴 수 있었던 것은 물론 현대의 통신 기술 덕분이다.

특히 컴퓨터나 인터넷 같은 첨단 기술을 잘 활용한다는 것은 오늘날의 젊은 세대가 지니는 큰 장점이다. 하지만 나처럼 나이 든 세대에도 그에 못지않은 한 가지 장점이 있다. 우리 세대는 젊었을 때 시계나 라디오, 오토바이를 분해해서 그것이 어떻게 작동하는지 알아낸 다음 다시 원래대로 조립할 수 있었다. 그것은 우리 세대 중 상당수가 과학이나 공학에 빠져든 계기이기도 했다. 더 먼 과거로 거슬러 올라가면, 어린 뉴턴은 당대의 첨단 공예품인 모형 풍차와 시계를 직접 만들었다. 또 다윈은 화석을 모으고 딱정벌레를 채집했으며, 아인슈타인은 아버지의 공장에서 전동기에 매료되었다.

하지만 오늘날은 상황이 다르다. 오늘날 우리 생활에 널리 퍼져 있는 스마트폰 등의 기계들은 대다수 사람들에게는 원리를 전혀 알 수 없는, 그저 마법 같은 '블랙박스'일 뿐이다. 그것을 분해한다고 해도 우리는 그 속에 작게 압축된 불가사의한 메커니즘에 대한 단서를 거의 찾을 수 없다. 게다가 다시 조립할 수도 없을 것이다. 오늘날 첨단 기술이 가진 극단적인 정교함은 놀라운 이점을 제공하기는 하지만, 동시에 아이러니하게도 젊은이들이 기본적인 지식, 즉 내부의 작동 원리를 배우는 데 방해가 된다. 그뿐만 아니라 도시 사람들은 이전 세대에 비해 자연으로부터 멀리 떨어져 있다. 상당수 어린이들은 인공 불빛이 없는 자연 그대로의 어두운 하늘이나 새 둥지를 결코 구경하지 못한다.

하지만 향수에만 빠져 있으면 안 된다. 논쟁의 여지는 있겠지만, 이런 변화가 우리에게 주는 손실보다는 긍정적인 측면이 훨씬 중요하다. 아이들이 야생동물을 실제로 볼 수는 없어도 자연 세계의 다양성과 경이로움을 묘사하는 야생동물 다큐멘터리 영화에는 큰 매력이 있다. 과학 실험이나 열대지방의 폭풍, 심지어 목성의 혜성 충돌 같은 자연적 사건들은 관심 있는 사람이라면 누구나 실시간으로 살필 수 있다. 또 인공지능이 실제 교사를 제대로 대체하지는 못하겠지만, 대규모 콩나물 학급에서 교사 한 사람이 적절하게 제공하지 못했던 개별 학생 맞춤형 지도라든지 의미 있는 보충 교육을 제공할 수는 있다.

게다가 인터넷은 젊은 세대든 나이 많은 세대든 상관없이 아마추어들이 참여할 수 있는 새로운 연구 방식을 가능하게 한다. 옥스퍼드대학의 크리스 린토트Chris Lintott가 이끈 '갤럭시 주Zoo 프로젝트'가 그 선구적인 사례다.[11] 이 프로젝트를 통해 300만 개에 이르는 은하의 이미지를 인터넷에서 볼 수 있었는데, 그것을 종류별로 분류하는 노동 집약적인 작업을 수천 명의 열정적인 아마추어 천문학자들이 함께했다. 그 밖에도 18세기 선박의 항해일지를 보고 당시의 기상 기록을 디지털화하는 프로젝트도 진행된 적이 있다. 손이 많이 가지만 기후과학 분야에 흥미로운 자료를 제공하는 일이다. 더구나 해군의 역사에 광범위한 관심을 갖도록 자극을 주기도 했다. 그리고 2015년 워싱턴에 본부를 두고 설립된 '개방형 데이터 기업센터'(CODE)는 정부나 기업, 연구자들이 활용할 수 있는 데이터를 생산하도록 장려하고, 여기에서 더 나은 정보를 증류할 수 있도록 촉진하는 것을 목표로 한다. 또한 더 놀라운 사실은 '위키피디아' 스타일의 활동이 수학 분야에도 쓸모가 있다는 점이다. 예컨대 케임브리지대학 교수인 팀 가워스Tim Gowers가 운영하는 '웹로그'[12]에서는 직소 퍼즐 완성하기나 오픈소스 소프트웨어 개발 같은 주제에 대해 그야말로 집단적인 노력을 통해 그 원리를 증명했다. 여러분이 전문가의 의견을 구하는 것도 가능하다. 무작위로 아무 주제나 두 가지만 들어보라. 양자컴퓨팅에 대해서는 스콧 애런슨Scott Aaronson[13]의 블로그 글과 기사를, 생물학 주제에 대해서는 에드 용Ed Yong의 글을 참조할 수 있다. 상당수 블로그 글은 저자들의 저서에서 찾아볼 수 있는 내용만큼 권위가 있다. 이것들은 전 세계에서 수백만 명의 사람들이 참여해, 선도적인 전문가들의 견해에 좀 더 쉽게 접근함으로써(물론 이런 정보들이 인터넷에 숱하게 존재하는 쓰레기들 속에 파묻혀 있지만) 과학의 진보와 계몽이 일어나는 과정을 보여주는 사례들이다.

물론 몇몇 비관론자들은 '정보의 과부하' 때문에 과학적 진보가 가로막힐 것이라고 생각한다. 하지만 나는 그것이 심각한 걱정거리라고 여기지 않는다. 새로운 발전이 일어나면서 데이터가 홍수처럼 넘쳐흐르지만, 동시에 방대한 데이터 세트를 저장하고 처리하는 비용은 제로로 떨어지고 있다. 예컨대 유럽의 우주 관측소인 가이아(GAIA)는 지금까지 거의 20억 개의 항성에 대한 데이터를 수집했다. 이 엄청난 양의 샘플을 컴퓨터로 분석하면 나름의 패턴과 규칙성이 드러나며, 그러면 우리가 기억해야 할 단절된 정보의 수가 줄어든다. 뉴턴 덕분에 만유인력이 사과든 우주선이

든 모든 물체를 지구로 끌어당긴다는 원리를 이해할 수 있었기 때문에, 우리는 모든 사과가 땅에 떨어질 때마다 기록으로 남길 필요가 없다. 물론 그러는 중에도 연구자 개개인이 잘 흡수할 수 있도록 새로운 연구의 본질적인 부분을 간추려 압축할 필요가 있다. 이 과정에서 공식적인 비평 기사나 비공식적인 블로그의 역할이 점점 중요해지고 있다.

　전 세계 모든 사람이 정보가 풍부하고 잘 다듬어진 사이버 공간에 빠져 있다. 학생이나 학자들은 '가상 관측소', 또는 게놈 데이터 라이브러리의 방대한 데이터에 접근한다. 이들은 더 이상 정보가 중앙에 집중된 보관소에 갈 필요가 없으며, 학자들은 문헌 실물을 연구해야 하는 경우를 제외하면 큰 도서관에 직접 방문하지 않아도 된다. 헨리 올덴베르흐가 창간한 왕립학회 학술지는 오늘날 전 세계적으로 수만 종에 달하는 학술지의 원형이었다. 1660년대 당시에 인쇄된 학술지는 그야말로 진보의 산물이었다. 하지만 지금은 이미 과거의 유물이 되었다. 제작 비용이 많이 드는 하드커버 논문 또한 그렇다. 논문을 온라인에 게시하는 것이 더 저렴할 뿐만 아니라, 키워드나 인터넷 링크를 통해 참고문헌과 데이터를 추적할 수 있어 더 편리하다. 이상적으로 얘기하자면, 과학적 정보와 아이디어는 자유롭게 이용할 수 있어야 한다. 어떤 분야는 이런 이상에 더 가깝다. 반면에 특허를 받거나 상업적으로 수익을 낼 수 있는 분야라면 이상과 현실의 갈등이 더 두드러진다.

오늘날 전 세계 물리학·천문학 분야의 연구원들은 코넬대학의 폴 긴스파그Paul Ginsparg가 만든 웹 아카이브[14]에 논문을 올리고 매일 읽는다. 이 아카이브에 실린 논문의 대부분은 나중에 전통적인 저널에도 실리기는 하지만, 그것은 더 많은 독자를 확보하기 위해서가 아니라 학계의 인증을 받기 위해서다. 물론 긴스파그 덕분에 대중이 수십 년 동안 이를테면 '초끈 이론' 같은 주제에 대한 모든 논문을 읽을 수 있게 된 것은 다행이지만 인문학 분야에 자유롭게 접근할 수 없다는 점은 유감이다.

한 발자국 더 나아가자면, 이런 과학 논문이 얼마나 더 오랫동안 유명 학술지에 '출판 가능한 형태'로 남아 있을지 또한 불확실하다. 학술 논문을 처리·검토·수정하고 최종적으로 출판하는 데는 여러 달이 걸리며, 일부 분야에서는 여러 해가 걸리기도 한다. 젊은 학자들의 진로 전망이 하드커버로 찍은 한 편의 전공 논문이나 학술지에 실린 논문 몇 편의 계량 서지학적 점수에 달려 있다는 것은 분명 큰 제약이다. 제도화된 학술지들 사이에 서열이 있고, 젊은 학자들이 최상위 학술지에 논문을 싣기 위해 고군분투해야 하는 상황이라면 더욱 심각한 문제다. 내가 최근에 들었던 가장 개탄스러운 말은, "논문이 좋은지 그렇지 않은지 어떻게 결정하는가?"라는 내 질문에 한 교수가 답한 말이었다. "그 논문이 실린 학술지가 결정하죠." 게다가 대학 관리자들은 대학의 순위 등급을 높이겠다며, 단지 논문의 피인용 지수를 높이기 위해 연구자들에게 미국 학술지 게재를 압박하기도 하는데 이것 또한 슬픈 일이다(그리고 이 모든 지표가 부당하게도 영어가 모국어인 사람들에게 더 유리하다는 점을 기억해야 한다).

심지어 학술지의 심사위원 역할 또한 언젠가는 비공식적인 품질 평가 체계가 충분히 대신할 수 있다. 이미 일부 웹 아카이브에서는 독자들이 논문에 대한 의견을 쓰거나 간단한 비평을 작성할 수 있다. 이런 글이 익명이 아니라면 저명한 전문가들의 '좋아요'나 별점은 논문 저자에게 이득이 될 것이고, 독자들에게는 가이드가 될 것이다. 블로그와 위키피디아는 과학 연구를 비평하는 데 점점 더 큰 역할을 할 것이다. 구텐베르크나 올덴베르흐의 유산은 저커버그의 시대에 최선의 도구가 아니다.

오늘날 우리는 인문학과 과학이 분리되는 '두 문화' 현상에서 벗어났다. 또는 적어도 사회과학을 수용하는 '제3의 문화'가 존재한다고 할 수 있다. 실제로 오늘날의 '문화'는 상호 연관되어 얽힌 수많은 가닥을 지니고 있다고 표현해야 옳을 것이다. 그럼에도 각 분야에서 지적 편협성과 무지는 여전히 고질적으로 존재한다. 특히 정계나 언론계에서 영향력 있는 위치에 있는 사람들 가운데 상당수는 과학에 손을 놓고 이해할 수 없는 분야로 취급하는 분위기라 걱정스럽다. 이런 점은 16세 무렵에 학생들을 전문화된 교육과정으로 이끄는 영국에서 특히 더 관심을 기울일 필요가 있다. 모든 이에게 그들의 관점을 확장시키는 것, 그리고 그에 따라 직업 선택권을 열어두는 것은 필수적이다. 이것은 내가 영국아카데미의 인문학 분야 동료들과 공동의 대의 아래 시작한 캠페인의 내용이기도 하다.

우리는 인간이기 때문에 인문학이나 사회과학 분야와 관련을 맺지 않을 수 없다. 하지만 과학자들이 대학에서 과학·기술·공학·수학뿐 아니라 인문·예술 분야의 진흥을 위해서도 지속적으로 명성을 이어가야 할 또 다른 이유가 있다. 이들은 이공계 분야를 뜻하는 스템(STEM: Science, Technology, Engineering, Mathematics)뿐만 아니라 넓은 의미의 예술arts의 A를 합쳐서 스팀(STEAM) 분야에 관여하는 셈이다. 이런 주제들은 시민의 한 사람인 대중이 과학이 어떻게 활용되어야 하는지를 결정하는 문제에 대해 민감하게 안내한다. 과학이 우리에게 허용하는 것과, 과학을 신중하고 윤리적으로 활용하는 것 사이에는 어느 때보다도 격차가 크다. 앞에서 나는 유전학과 인공지능이 지나치게 빠른 속도로 발전해 제어가 되지 않을 수 있으며, 지구 환경에 우리가 끼친 영향이 돌이킬 수 없는 피해를 줄 수 있다는 우려를 강조했다. 이런 진퇴양난의 문제에 대한 답이 자연과학 자체에서 나올 수는 없지만, 학생들은 교육의 일환으로 이런 문제에 적절히 대응해야 한다.

그래서 나는 이제 18세 이후의 고등교육과 학술 연구의 연관성에 대한 추가적인 글로 이 책을 결론짓고자 한다. 물론 18세 이전의 교육과 기능 교육을 개선하는 것 또한 동등한 우선순위를 가질 자격이 있다는 점을 거듭 강조해야겠지만 말이다.

과학　교육을 강화하기

교육 불평등과
새로운 고등교육의 전망

코로나-19가 한창일 때 전 세계 대부분의 대학 캠퍼스는 조용했고 한산하게 인적이 끊어졌다. 물론 이제 대학생들의 삶은 점차 예전으로 돌아오고 있다. 하지만 아무도 코로나 이전의 과거에 정상으로 여겼던 것들이 완전히 복귀되기를 기대하지 않으며, 그렇게 바라지도 않는다. 최근의 위기를 계기로, 고등교육 문제 전반에 시급히 필요한 개혁을 활성화하고 박차를 가해야 한다. 라이프스타일이 빠르게 변화하면서 일과 여가 모두에 새로운 기회를 제공하기 때문에, 오늘날 젊은이들이 배우는 내용은 더 유연하고 개방적이어야 하며, 생애주기를 통해 주기적인 업데이트를 해야 한다.

　　이제는 사람들이 온라인 교육과 원격 교육을 예전보다 많이 경험하고 있다. 우리는 학생들과 접촉하는 시간을 가장 효과적으로 사용하는 방식이 어떤 것인지에 대해 더욱 현실적인 평가를 내리게 되었다. 또한 오늘날 빠르게 성장하고 있는 애리조나주립대학처럼 코로나 이전에 이미 이 분야에서 선도적이었던 기관으로부터 배울 수도 있다. 좀 더 전통적인 대학에서는 핵심적인 주제에 대한 기본 강의가 200명 넘는 청중에게 실시간으로 '라이브'된다. 물론 이러한 강의 도중에는 제대로 된 피드백이나 토론이 이뤄질 수 없기 때문에, 일부 대학에서는 소규모 반과 튜토리얼 그룹을 통해 이런 단점을 보충하기도 한다. 한편 전형적인 대규모 강의를 실시간으로 '라이브'하는 대신 비디오로 녹화해서 송출한다면 잃을 게 거의 없다. 그러면 강의를 더 신중하게 준비할 수 있고 품질도 더 높아질 것이며(초등학생이라면 강의를 반복 시청할 수도 있다), 전 세계로 널리 퍼뜨릴 수도 있다. MIT와 스탠퍼드대학에서 이러한 성공적인 선례가 있었다. 그리고 하버드대학의 마이클 샌델Michael Sandel 같은 학자들은 국제적인 스타로 거듭났다. 온라인으로 학점을 제공하는 과정이 아니더라도, 대중이 이런 우수한 강의를 많이 시청해서 여러 분야의 지식을 쌓게 된다면 분명 환영받을 일이다.

하지만 우리에게 필요한 일은 단순히 가상 활동을 기존의 체제에 통합하는 것 이상이다. 학생들은 온라인 과정과 출석 과정 사이에서 선호하는 형태를 균형 있게 선택할 수 있어야 한다(그리고 앞서 언급했듯이 수준 높은 원격 학습에 접근할 수 있어야 한다). 순수하게 온라인으로만 이뤄지는 대규모 공개강좌, 이른바 무크(MOOC)는 학생들로부터 양면적인 반응을 이끌어냈다. 이것은 직접 강사와 접촉해 부족한 부분을 보완할 수 없는 독립적인 강좌여서, 시간제로 공부할 만큼 동기부여가 된 성숙한 학습자들이 석사 수준의 직업 교육 과정에서 만족할 만한 강좌다. 하지만 이 강좌에 실시간 지도 과정이 통합된 '패키지'를 활용한다면 더 광범위한 혜택을 받을 수 있다. 우리는 시간제 학습과 평생 학습 시설이 더 많이 필요하며, 기능 교육과 대학 교육 사이의 격차가 유해한 결과를 가져오지 않도록 그 차이를 줄여야 한다.

또 학생들은 스스로 시작한 교육과정이 자신에게 맞지 않는다는 것을 깨닫거나 개인적으로 학업을 이어가는 데 어려움이 생겼다면, 그때까지 성취한 바를 드러내는 자격증을 얻어 명예롭게 일찍 떠날 수도 있어야 한다. 도중에 그만두었다고 인생을 낭비했다는 폄하를 당해서는 안 된다. 예컨대 '난 2년 동안 대학을 다녔다가 관뒀어'라고 떳떳하게, 긍정적으로 말할 수 있어야 한다.

그리고 더 중요한 것은, 오늘날 사람들이 더 자유롭게 이동하는 세상에서 적응하려면 누구나 쉽게 고등교육 시스템에 재진입할 수 있는 기회를 가져야 한다는 것이다. 즉 모든 사람이 자기 삶의 어느 단계에서든 고등교육을 (시간제든 온라인이든) 받을 수 있어야 한다. 나아가 고등교육의 전 시스템에 걸쳐 학점 이전 체계가 있다면, 이러한 과정이 일상적으로 좀 더 원활하게 진행될 수 있다. 또 이수 자격을 얻는 3년 동안 경제적으로 지원해줄 유연한 보조금이나 대출 시스템이 있어야 하며, 매년 과정을 거칠 때마다(또는 일련의 '모듈'을 마칠 때마다) 삶의 모든 단계에서 독립적인 자격으로 인정받아야 한다. 그러면 예컨대 젊었을 때 대학 학부 과정을 마치지 않은 사람도 학점 이수 증명서와 함께 나중에 학위를 '업그레이드'할 자격을 얻게 될 것이다. 한 사람의 인생이 고작 스물한두 살까지 성취한 것(또는 성취하지 못한 것)만으로 제약을 받지 않도록, 선택지를 열어두는 것이 목표다. 이러한 기회는 개인의 사회적 이동성을 촉진한다.

그렇지만 이것보다 더 중요하고 필연적인 성과가 있다. 바로 사회 전반적으로 미칠 개혁의 혜택이다. 이러한 혁신은 분명 학생들에게 더 큰 기회와 다양한 진로를 제공하겠지만, 학생들뿐만 아니라 우리 모두에게도 혜택을 가져온다. 우리는 모두가 서로 다른 기술적 경험을 가진 각계각층의 사람들과 상호작용하고 협업하면서 이득을 얻는다. 그들은 '두 문화'를 뒤섞을 수 있고, 과학과 공공 정책과 언론을 넘나들며, 특정한 과학 지식을 적용해 특별한 이익을 가져올 수 있는(또는 반대로 특별히 위험해질 수도 있는), 공동체와 함께 일한 경험이 있는 사람들이다.

이때 사람들에게 고무적인 신호를 보낼 수 있는, 현실적이면서도 적당한 조치가 하나 있다. 입학 문턱이 높은 이른바 명문 대학들이 학교에 바로 입학하지 못하는 학생들을 위해 정원 일부를 남겨두는 것이다. 그러면 비록 18세에 불리한 환경에 놓여 다른 대학이나 기관, 온라인을 통해 2년 치 학점을 취득했던 학생들이 두 번째 기회를 얻을 수 있다. 그들이 2년을 더 공부해서 학사 학위를 얻는 수준으로 도약할 수 있는 것이다.[15] 미국의 경제학 교수이자 행정가인 클라크 커Clark Kerr가 고안한 캘리포니아대학교의 시스템이 바로 이러한 유연한 제도를 제공한다. 명문인 버클리 캠퍼스의 입학생 가운데 고등학교에서 바로 진학한 학생은 절반 정도이며, 나머지는 2년제 대학이나 다른 4년제 대학에서 공부하고 이곳으로 옮겨온다.

오늘날 최악의 교육 불평등이 인생의 초기 단계에서 (유아기부터 초중등 교육을 거치며) 각인되듯 영향을 미치고 있다. 한 국가의 지리적·사회적인 전체 스펙트럼에 걸쳐 모든 학생이 학교에서 양질의 교육을 받을 수 있도록 보장하는 일은 길고 지난한 과정일 것이다. 사실 이 목표는 등록금을 따로 받는 사립학교에서 학생에게 제공하는 자원과, 국가 시스템이 제공하는 자원 사이의 격차가 좁혀지지 않는 한 불가능할 수도 있다. 하지만 유아기부터 기회를 박탈당해 점점 더 극복하기 어려운 장벽에 맞닥뜨린(그래서 두 번째 기회를 제공하지 않는 것이 일종의 '배제'로 이어질 수도 있는) 사람들에게, 유연한 평가 제도를 갖춘 평생 학습 및 시간제 학습 제도는 좀 더 많은 지원을 제공할 것이다.

　오늘날 시스템적인 약점을 지닌 영국의 여러 대학들에는 특히 구조조정이 필요하다. 이 대학들이 목표로 하는 바는 그리 다양하지 않다. 다들 학생을 가르치는 것보다 연구에 지나치다 싶을 만큼 더 비중을 두며, 비슷한 수준의 대학 중에서 두드러진 실적을 내기만을 열망한다. 이런 대학에서는 대부분 18세에서 21세 사이의 학생들이 통학을 하면서 3년(또는 4년)의 풀타임 교육을 받거나, 전문직이나 학계에 진출하고자 하는 소수의 학생들조차도 지나치게 제한된 커리큘럼으로 공부한다. 게다가 대학 입학 전의 교육과정 또한 매우 한정적이다. 16~18세 학생들에게 국제적으로 통용되는 바칼로레아 스타일의 교육과정을 가르치자는 캠페인은 그동안 여러 대학의 방해를 받았는데, 자기들 대학의 입학 요건을 과학과 인문학을 넘나드는 지원자들에게 명백히 불리하게 했기 때문이다. 그러나 대학의 다양성은 오늘날 글로벌 도전과제들을 해결하는 데 과학을 효과적으로 활용하기 위해 꼭 필요한 크로스오버이기도 하다. 또한 우리가 아직 알지 못하는, 미래의 또 다른 문제들을 해결하는 데도 필요할 것이다.

우리가 20세기 이전처럼 박식가로 거듭나기란 확실히 불가능하다. 하지만 제한되지 않은, 광범위하게 열린 커리큘럼으로 공부하는 것은 중고등학생과 대학 초년생에게 분명 바람직한 일이다. 물론 직업 과학자가 되는 데 필수적인 대학원 수준의 교육은 본질적으로 전문화되어야 하겠지만 말이다. 미국에서는 소수의 대학만이 경쟁력 있는 훌륭한 대학원을 가지고 있다. 이것은 영국 대학이 나아가야 할 모델이기도 하다. 미국의 명문 학부중심대학Liberal Arts College(해버퍼드, 웰즐리, 윌리엄앤메리 같은)들은 광범위한 분야에 걸쳐 최고 수준의 학부 교육을 제공하지만 박사 과정은 설치되지 않았다. 물론 이곳에서 강의하는 사람들 상당수는 생산적인 연구자이자 학자이지만, 특히 인문학 분야에서는 대학원 교육에 집중하는 것과 연구에 집중하는 것은 다르다(둘은 종종 혼동되지만 구별되어야 한다). 그래서 이 학자들에게 만약 담당 대학원생이 있다면 그 학생들은 다른 대학에 기반을 두고 있을 것이다. 중요한 점은 적어도 일부 분야에서는 연구자 혼자서도 뛰어난 연구를 할 수 있지만, 박사 학위를 받고자 하는 학생들에게 단순히 훌륭한 지도교수만 필요한 것은 아니라는 점이다. 좀 더 광범위한 분야에 걸쳐 강좌를 제공하는 대학원이 있어야 한다. 이 두 번째 요소가 갖춰지지 않는다면, 새로 찍어낸 박사 학위가 학생의 이후 경력(공공 부문이든 민간 부문이든)에 필요한 유연성과 다양성을 갖추지 못할 수도 있다.

그리고 오늘날과 같은 박사 학위의 가치에 의문을 제기할 근거 또한 존재한다. 박사 학위는 일단 학계에 진입하기 위한 티켓으로 간주되지만, 실제로 학위를 받는 사람들 가운데 이런 목표를 가진 이는 소수에 지나지 않는다. 상당수는 결국 산업계나 공공 부문에 자리를 잡는다. 그 과정에서 우리가 1장에서 살핀 글로벌 과제들을 해결하는 데 중요한 역할을 하기도 하는데, 이것은 단순히 학술지에 논문을 게재하는 것보다 더 광범위한 전문성을 필요로 한다. 따라서 대학원 프로그램이 좀 더 범위가 넓다면(또는 더 기간이 길고 시간제인 경우라면), 학계에 진출하지 않더라도 다른 분야의 학자나 과학자들과의 접촉이 필요한 사람들에게 좀 더 자극을 주는 유의미한 경험이 될 수 있다. 물론 학계에 진출하는 사람들에게도 그럴 확률이 더 높을 것이다. 그 시스템은 우리가 직장생활 전반에 걸쳐 계속 직업을 바꾸고 최신 전문지식을 추구하는 세상에 대처할 수 있을 만큼 충분히 유연해야 한다.

제도가 어떻든 간에, 많은 연구 자금을 유치하고 모든 학부에 대학원을 설치할 수 있는 대학은 어쩔 수 없이 상대적으로 수가 적다. 하지만 이런 집중화 추세에도 불구하고 그 서열을 매기기보다는, 어디에서나 우수한 연구가 싹트고 꽃필 수 있는 시스템을 유지하는 것이 중요하다고 생각한다. 예컨대 영국의 레스터대학은 우주과학과 유전학의 선도적인 중심지다. 이렇게 될 수 있었던 주된 이유는 연구비 지원 시스템이 충분히 유연해서, 1970년대 당시 소장파 교수였던 우주천문학자 켄 파운즈Ken Pounds와 DNA 지문을 개발한 알렉 제프리스Alec Jeffreys의 야망을 지원해줄 수 있었던 덕분이다. 우리는 자금을 지원할 때, 연구자들을 신뢰하고 위험을 감수했던 이 사례에 분명 고무될 필요가 있다.

나는 오늘날의 위기가 전 세계 고등교육에 건설적인 혁신을 불러일으키기를 바란다. 우리 미래에 몹시 중요한 이 교육이라는 부문은 결코 경직되어서는 안 되며, 우리의 필요와 라이프스타일, 기회에 발맞춰 대응해야 한다. 가만히 앉아서 고민만 하고 있을 시간이 없다. 실제로 오늘날 많은 국가가 지금의 시스템에 안주할 여유가 없기 때문이다. 교육 시스템은 모든 사람이 평생 자신의 전문지식을 갱신하고 업그레이드하도록 지원해야 하며, 꼭 어떤 자격증을 추구하기보다는 관심 있어 배우고자 하는 모든 이에게 온라인 자료를 무상으로 제공해야 한다.

상아   탑에서

오래된 것의 가치에 대한
몇 가지 단상

다소 편협하고 개인적인 몇 가지 단상을 덧붙이며 이 장을 마무리하려 한다. 조금은 건전하지 않아 보일 정도로 규모가 큰 학교이자, 내가 가장 잘 아는 교육기관인 옥스퍼드대학과 케임브리지대학 얘기다.[16] 이 두 학교는 대개 미국의 아이비리그와 비교되지만, 여기에는 약간 적절하지 않은 면이 있다. 사실 공공 자금과 민간 자금의 균형 측면에서 두 대학은 미국의 최고 주립 대학인 버클리대학이나 미시간대학, 텍사스대학에 더 가깝다. 하지만 이 두 학교를 전 세계적으로 독특한 기관으로 만드는 요인은, 세계적인 연구 대학의 강점과 미국 학부중심대학의 목회적·교육적 혜택을 결합한 시스템이다.

그렇기 때문에 고등교육정책연구소(HEPI)의 보고서에 따르면, 두 대학의 학생들은 영국의 다른 학교 학생들보다 만족도가 높고 더 열심히 공부한다.[17] 한편 HEPI의 보고서는 나머지 영국 대학들을 대상으로 한 연구에서 학생 만족도와 대학 실적 순위 사이의 상관관계를 거의 발견하지 못했다. 사실 이것은 놀라운 일이 아닌데, 이 순위표는 연구에 초점을 맞추고 있기 때문이다. 실제로 옥스퍼드대학과 케임브리지대학 역시, 이런 실적 순위표가 교육이나 학생 경험에 적절한 가중치를 부여한다면 다른 나라 대학들과 비교했을 때 훨씬 더 높은 순위를 차지할 것이다.

그렇다면 오늘날처럼 빠르게 변화하는 시대에 이렇게 오래된 교육기관이 성공을 거두는 이유는 무엇일까? 보통의 경영 컨설턴트의 눈으로 보면 두 대학의 조직도는 각종 단과대학이며 학과가 복잡하게 즐비한 악몽처럼 보일 것이다. 이런 조직의 특성은 단점도 있지만, 좀 더 깔끔한 조직 관리 체계와 비교하면 진정한 장점을 제공한다.

예컨대 학자들은 압박감을 덜 느낀다. 그리고 자신의 경력을 발전시키면서 교육·연구·행정 분야를 개인에 따라 최적으로 혼합한 맞춤형 틈새를 찾을 수 있다. 물론 대학 역시 사업체와 비슷하게 운영되어야 하고, 그것은 병원이나 교회도 마찬가지다. 하지만 그렇다고 이런 기관들이 사업체 자체가 되어야 한다는 것은 아니다. 실제로 초기의 '파트너십' 모델은 놀랄 만큼 비용 대비 효율적이었다. 이러한 유연성을 통해 옥스퍼드대학과 케임브리지대학은 결코 경제적 보상이 크지 않음에도 수백 명의 유능한(그리고 자기주장이 강한) 사람들이 헌신하고 충성하도록 한다. 그리고 이런 유연한 구조는 이 두 곳에서 앞서 언급한 연구소나 스타트업들로 이뤄진 창의성 넘치는 중심지를 만들도록 혁신적인 문화를 육성하는 데 도움이 되었다.

물론 두 대학은 어떻게 보아도 종합 공과대학과는 거리가 멀다. 역사가 깊은 예술과 인문학은 지금도 계속 번창하며 과학계에 변화와 자극을 주고 있다. 그런 맥락에서 나는 인문학이 과소평가되는 지금의 시대와 관련 있을 만한 경험담을 하나 풀어놓을까 한다.

몇 년 전 나는 영향력 있는 대규모 보조금을 받은 학자들(기업가에 가까운)의 공적을 기념하기 위해 옥스퍼드대학 부총장이 주최한 만찬에서 연설을 한 적이 있다. 당시 나는 위의 두 대학에서 배출한 역사상 가장 귀중한 지적 재산 두 가지가, (과학자나 공학자로부터 온 것이 아니라) 케임브리지대학의 르네상스 문학 담당 교수와 옥스퍼드대학의 앵글로색슨 언어학 교수에게서 왔다는 사실을 사람들에게 상기시켰다. 당연히 클라이브 스테이플스 루이스C. S. Lewis와 존 로날드 로웰 톨킨J. R. R. Tolkien을 말한 것이었다. 두 사람의 작품은 수십 년이 지난 지금 이른바 '창의 산업' 분야에서 수십억 달러를 벌어들이고 있다. 스타일이나 태도 모두에서 전형적인 구식 옥스브리지(옥스퍼드+케임브리지) 교수인 이 두 저명한 학자들은 오늘날의 조직 관리와 감사 문화에서는 불만을 느끼며 소외될 것이다. 그들이 보여주는 가치는 전통적인 것들이었다. 제도와 기관에 대한 헌신, 그들 자신을 위한 학문과 배움이 그것이다. 이런 학자들을 계속해서 키워내는 대학이 최소한 몇 곳이라도 존재하지 않는다면 우리 모두에게 손해가 될 것이다.

옥스브리지가 과거의 영광에 지나치게 연연해서는 안 되겠지만, 모든 과학과 인문학 분야에 걸친 발견과 통찰의 전 세계적인 영향이 이 작은 땅덩어리에서, 그리고 그 많은 저명한 인물들이 세월을 보내며 자라난 이곳에서 비롯했다는 사실을 부정할 수는 없다. 첨단 기술의 세계에서 교육의 전 세계적인 확장은 더 큰 이동성과 새로운 기술을 통해 새로운 모델을 창출할 것이 분명하다. 하지만 옥스브리지 같은 오래된 대학들 또한, 고삐 풀린 듯 급격히 변화하는 세계에서 과거와 이어지는 연속성의 표지로서 여전히 그들의 자리를 차지할 것이다.

에
필
로
그

지난 20년 동안 우리의 일상생활과 세계 경제는 인터넷, 로봇공학, 유전자 편집 기술, 청정에너지 같은 새로운 기술로 큰 변화를 겪었다. 이런 기술들은 앞으로 몇 년 안에 훨씬 더 혁신적인 영향을 끼칠 것이다.

나는 1장에서 미래에 대한 몇 가지 희망과 두려움을 강조하며 이 책을 시작했다. 앞서 언급한 기술들을 비롯해 미래에 새로 탄생할 기술들은 만약 최선의 방식으로 이용한다면 우리에게 유토피아적인 결과를 가져올 수 있다. 하지만 이와 반대로 우리를 새로운 암흑시대로 이끌 수도 있다. 그리고 그 위험성은 점차 높아지고 있다. 사실 지금은 인류가 기후, 생물권, 천연자원 등 지구라는 생명체의 서식지 전체에 영향을 끼칠 만큼 지배적인 존재가 된 최초의 시대이기도 하다.

우리의 세계는 점점 더 상호 연결되고, 식량 공급과 생산도 전 세계적인 네트워크에 의존하고 있다. 새로운 바이러스 또한 언제든 예측할 수 없이 출현해서 파괴적인 속도로 퍼질 수 있다. 우리는 이제 이처럼 서로 연결되고 손상받기 쉬운 인간 사회가 대규모 사이버 공격, 중요 기반시설의 연쇄적인 고장, 우발적인 핵전쟁 같은 시나리오에 취약하다는 사실을 어느 때보다도 신경 쓴다. 이런 시나리오의 영향력과 그 가능성은 해마다 높아지고 있다. 우리는 엄청난 혜택을 제공하면서도 오류나 테러를 통해 인류가 새로운 방식으로 스스로를 해칠 신기술을 개발하고 있는 셈이다.

과학의 잠재력이 더욱 강력해지고 큰 영향을 미치게 되면서 과학을 최적의 방식으로 활용하고, 위험하거나 비윤리적으로 응용되지 않도록 제동을 걸 수 있게 보장하는 일은 더 중요해졌다. 하지만 우리는 직업, 교육, 사회적 상호작용의 본질과 관련해서 기술이 사람들의 생활방식을 변화시킬 것이라 예상해야 한다. 어떤 혁신이 그런 변화를 이끌지는 예상하지 못할지라도 그렇다. 이런 현상은 서방 국가들과 중국, 남반구 저개발국들 사이의 정치적 긴장이라는 변화와 맞물려 수십 년 동안 일어날 것이다. 그리고 그 변화의 속도는 이전 세기에 발생한 전반적인 사회 변화보다 빠르다.

그럼에도 세계 각국이 글로벌한 문제에 대응하고 계

획할 시간은 아직 있다. 기후 변화를 완화하고, 라이프스타일을 바꾸고, 지속 가능한 식량 및 에너지 생산 방식을 달성하는 등 이러한 변화는 원칙적으로 가능하며, 여기에 필요한 과학 지식도 이미 대부분 알려져 있다. 물론 윤리적이고 인도적으로 바람직한 모습과 실제로 벌어지는 현상 사이에는 차이가 있지만 말이다. 이제 코로나-19 위기를 계기 삼아, 우리가 좀 더 글로벌한 관점으로 나아가 '우리 모두 동참한다'라는 광범위한 인식을 갖추기를 바란다. 가끔은 인류 전체가 나아갈 전망에 집중해야 할 '특별한 순간'이, 드물게 우리에게 온다. 지금이 바로 그런 순간인 것 같다.

과학은 우리가 사는 세계를 완전히 바꾸어놓았다. 이 책의 후반부는 더 넓은 사회적·정치적 맥락에서 과학자들의 역할에 초점을 맞추었다. 과학의 주요 목표는 우리의 물리적·생물학적 환경을 모든 복잡성의 층위에서 이해하는 것이다. 과학은 자연에 대한 우리의 인식을 향상시켰고, 그에 따라 중세 시대 우리 선조들이 지녔던 자연에 대한 비이성적인 공포를 일부 제거했다. 하지만 그 과학을 응용한 결과는, 이해할 수 없고 때로는 두려운 인공물이 우리의 일상생활에 널리 퍼진 세상을 만들어냈다.

신문과 라디오가 뉴스의 주요 원천이던 시절에는 극단적인 주장을 담은 '가짜 뉴스'가 책임감 있는 기자들에 의해 묵살되었다. 하지만 인터넷 세계에서 이런 '주장'은 사람들이 클릭을 많이 할수록 더 극단적인 견해로 증폭된다. 바로 이것이 내가 과학자들의 특별한 의무를 강조해온 이유다. 과학자들은 더 많은 대중이 균형 잡힌 시각을 가질 수 있도록 교육과 언론에 관여해 자신이 할 수 있는 모든 것을 해야 한다. 그리고 자신들의 발견이 실질적인 혁신으로 이어질 수 있는 경우, 그것이 유해하지 않고 사람들에게 이롭다는 것을 확실히 밝힐 책임이 있다. 과학자들은 잠재적으로 비윤리적이거나 위험할 수 있는 과학의 응용 방식에 대해 목소리를 내야 한다(그리고 가능하다면 관련 정보를 정부에 제공해야 한다). 하지만 또한 자신들이 특정 전문 분야를 벗어나면 단지 한 사람의 시민으로서만 발언할 수 있을 뿐이라는 사실도 인식해야 한다.

나는 모든 사람은 교육을 통해 도움을 받는다고 강조했다. 교육은 사람들에게 오늘날의 과학이 어떻게 세상의 원리를 밝혀내고 세계를 형성해왔는지 최소한 그림이라도 그릴 수 있도록 도와야 한다. 그러지 않으면 사람들은 자연의 경이로움과 신비로움을 느낄 수도 없고, 우리 생활 속에 널리 퍼진 첨단 기술 시스템에 안심할 수도 없다. 그뿐만 아니라 에너지·건강·환경 같은 과학적 차원의 문제에 대해 토론하고, 제대로 된 정보를 가진 시민으로서 민주적 결정을 내리는 데 참여하기 위해서도 교육이 전제조건이 되어야 한다.

최근의 팬데믹 사태에서도 분명히 드러났듯이, 과학에는 결정적인 불확실성이 존재한다. 그럼에도 이러한 불확실성을 줄이고자 노력하는 과학자들의 견해는 특별한 무게를 가질 만한 자격이 있다. 그리고 이 사실을 몸소 깨닫기 위해서는 모든 사람에게 과학에 대한 충분한 '감각'이 필요하다. 또한 통계 수치에 당황하지 않을 정도의 기본적인 산술 능력, 누가 봐도 믿음직스럽지 않은 인터넷 사이트의 내용을 무시하는 회의적 태도 역시 당연히 필요하다.

그렇다면 우리는 어떻게 해야 더 안전해진 세상을 보장받을 수 있을까? 팬데믹이나 기후 변화 같은 위험을 혼자서 막을 수 있을 만한 나라는 존재하지 않는다. 전 세계적 문제를 풀려면 전 세계적인 협력이 필요하다. 잠재적으로 재앙을 불러일으킬 시나리오를 무시하거나, 그 위험을 최소화하기 위한 예방책을 우선시하지 않는 것은 매우 경솔한 일이다. 팬데믹 같은 위협은 수백만 명의 목숨뿐만 아니라 수조 달러의 손실을 초래할 수 있다. 그렇기에 그러한 악몽 같은 사태가 벌어질 확률과 영향을 줄일 수 있도록 준비하고 회복력을 키우기 위해서는 훨씬 더 많은 돈을 쓸 가치가 있다. 우리는 인터넷이나 GPS처럼 전 세계에 걸친 기간

시설에 점점 더 많이 의존하고 있으며, 따라서 이런 인프라가 탄탄하고 견고한지 확인하는 것이 매우 중요하다. 마찬가지로 2022년에 벌어진 에너지·식량 공급과 관련한 여러 사태는 이런 공급망이 얼마나 취약했는지, 모든 국가가 얼마나 서로 의존하고 있는지를 보여주었다.

　　오늘날 세계 각국은 위험한 기술을 규제하고 재앙에 가까운 위험을 최소화하기 위해 더 많은 국제기구(세계보건기구 같은)에 주권을 양도할 필요가 있을지도 모른다. 개발도상국이 선진국과의 격차를 좁힌 2050년 이후로는 지속 가능한 세계를 달성하는 데 과학적인 장애물은 없어 보이며, 지난 10년 동안 이루어진 백신이나 정보기술처럼 향후 중요한 후속 발전으로부터 모두가 이득을 얻는다. 하지만 정치적·사회적인 상황은 비관론의 근거가 된다. 부유한 국가들은 과학이 제공하는 혜택을 개발도상국과 완전히 공유하고 그들의 번창을 돕는 것이 자국의 이익에도 부합한다는 사실을 인지할 것인가? 우리가 지닌 공감 능력이 더 광범위하게 국제화될 수 있을까? 각 국가는 첨단 기술 전문지식을 가진 소규모 그룹이 일으킬지도 모를 위협에 직면해, 효과적이되 억압적이지 않은 통치를 유지할 수 있을까? 그리고 무엇보다도, 우리가 보유한 여러 기관과 단체들은 역사상 단 한 순간이라도 정치적인 관점에서 장기적인 프로젝트를 우선시할 수 있을까?

여기에 대한 답은 대중의 태도에 따라 달라질 것이다. 과학이 세상에 최적으로 활용된다면, 세계가 작동하는 방식과 그것이 가능한 방식 사이의 격차를 좁히는 데 국제적인 조정이 중요해질 것이다. 민주적인 정치인들은 (대중의 지지를 받는다면) 이 목표를 달성하고자 지원하고, 또 장기적인 안목을 갖추려 할 것이다. 이렇게 하려면 우리는 카리스마 있는 사회운동가들에게서 에너지와 영감을 받은, 과학 지식을 갖춘 대중이 필요하다. 예를 들어 프란치스코 교황, 데이비드 아텐버러, 빌 게이츠, 그레타 툰베리가 그동안 대중의 관점을 어떻게 바꾸면서 무엇을 달성했는지 우리는 보았다. 우리는 우리 자신과 정치 지도자들에게 이러한 영향을 미칠 특별한 개인들이 필요하다. 과학적 소양을 갖춘 동시에, 과학만으로는 제공할 수 없는 윤리적 지침과 동기에 대해 영감을 줄 수 있는 사람들 말이다.

마지막으로, 인류학자 마거릿 미드Margaret Mead의 낙관적인 말을 인용하며 마치겠다.

사려 깊고 헌신적인 시민들의 작은 모임이 세상을 바꿀 수 있다는 것을 의심하지 마세요. 실제로 지금까지 그들만이 유일하게 그렇게 해왔습니다.

1장 거대한 과제들
―미래 세대를 위한 과학의 네 가지 도전

1   Ehrlich, P. R. 1968. *The Population Bomb*. New York: Ballantine Books.

2   Meadows, D. H., D. L. Meadows, J. Randers and W. W. Behrens. 1972. *The Limits to Growth*. New York: Universe Books.

3   유엔의 '세계인구전망 보고서'는 2050년까지 전 세계 인구가 97억 명에 달할 것이라는 가장 신뢰할 만한 추정치를 인용했다. 또 다른 권위 있는 출처는 국제응용시스템분석연구소(IIASA)의 인구 프로젝트인데, 여기서는 다소 낮은 수치를 인용한다. 인도의 출생률에 대한 최근의 데이터를 반영하면 이 예상치가 더욱 낮아질 수도 있다.

4   https://data.worldbank.org/topic/poverty

5   예컨대 다음을 참고하라. Pretty, P. and Z. P. Bharucha. 2014. 'Sustainable intensification in agricultural systems', *Annals of Botany*, 114: 1571-96.

6   세계자연기금(WWF)은 매년 '전 세계 용량 초과의 날'을 발표한다. 이 날짜 이후로는 자연에 대한 우리의 수요가 지구의 연간 생태 수용력을 초과한다는 의미다. 2022년에는 7월 28일이었다.

7   스웨덴의 기후학자이자 환경운동가인 요한 록스트룀(Johan Rockström)이 말한 개념이다. 참고문헌은 다음과 같다. J. et al. 2009.

'Planetary boundaries: exploring the safe operating space for humanity', *Ecology and Society*, 14:32. 이 내용은 스톡홀름 회복탄력성센터에서 업데이트된다. https://www.stockholmresilience.org/research/planetary-boundaries.html

8 이 인용문은 파르타 다스굽타(Partha Dasgupta)가 작성한 비평문의 서문에 등장한다(주석 9번 참조).

9 Dasgupta, P. 2021. *The Economics of Biodiversity: The Dasgupta Review*. London: HM Treasury, https://www.gov.uk/government/publications/final-report-the-economics-of-biodiversity-the-dasgupta-review

10 Stern, N. 2006. *The Economics of Climate Change: The Stern Review*. London: HM Treasury, https://www.lse.ac.uk/granthaminstitute/publication/the-economics-of-climate-change-the-stern-review/

11 Wilson, E. O. 2006. *The Creation: An Appeal to Save Life on Earth*. New York: W. W. Norton.

12 World Commission on Environment and Development(Brundtland Commission). 1987. *Our Common Future: Report of the World Commission on Environment and Development*. Oxford: Oxford University Press.

13 '킬링 곡선'의 역사와 그동안의 업데이트 내역에 대해서는 다음 웹사이트를 참조하라. https://keelingcurve.ucsd.edu

14 IPCC. 2021. *Climate Change 2021: The Physical Science Basis. Contribution of Working Group I to the Sixth Assessment Report of the Intergovernmental Panel on Climate Change*. Cambridge: Cambridge University Press, https://www.ipcc.ch/assessment-report/ar6

15 Robinson, E. 2021. 'Opinion: The UN's dire climate report confirms: We're out of time', *The Washington Post*, 9 August, https://www.washingtonpost.com/opinions/2021/08/09/united-nations-climate-report-dire

16   여러 요인의 복잡한 상호작용을 고려할 때 추가적인 우려도 제기된다. 이러한 변화가 '티핑 포인트'인 임계치를 넘어서는 경우, 그 초과된 이산화탄소가 결국 격리되더라도 지구의 기후가 산업화 이전 상태로 되돌아갈 것이라는 기대는 난망하다는 것이다.

17   Bishop, B. 2021. 'National Ignition Facility experiment puts researchers at threshold of fusion ignition', Lawrence Livermore National Laboratory website, 18 August, https://www.llnl.gov/news/national-ignition-facility-experiment-puts-researchers-threshold-fusion-ignition

18   이 개념은 2021년 영국 글래스고에서 열린 제26차 유엔 기후변화협약 당사국 총회(COP26)에서 다시 공개되었다. 다음 웹페이지를 참조하라. http://mission-innovation.net/about-mi/overview

19   2016년에 처음 출간된 올리버 모턴(Oliver Morton)의 책 *The Planet Remade: How Geoengineering Could Change the World* (Princeton: Princeton University Press)는 여전히 이 주제에 대한 훌륭한 요약본이다.

20   이 내용은 1924년에 출판되었는데 다음 웹페이지에서 온라인으로 살펴볼 수 있다. https://www.marxists.org/archive/haldane/works/1920s/daedalus.htm

21   다음 두 권의 책은 이러한 발전에 대해 쉽게 읽을 수 있는 책이다. Doudna, J. A. and S. S. Sternberg. 2017. *A Crack in Creation*. Boston, MA: Houghton Mifflin Harcourt (저자 중 한 명인 제니퍼 다우드나는 CRISPR/Cas9 기술의 발명자 중 하나다); Mukherjee, S. 2016. *The Gene: An Intimate History*. New York: Scribner. 또한 다음을 참조하라. Isaacson, W. 2021. *The Codebreaker*. New York: Simon and Schuster.

22   1918년의 독감 유행을 다루면서 마두 바이러스에 대해 기술한 다음 논문도 참조하라. Noyce, R. S., S. Lederman and D. H. Evans. 2018. 'Construction of an infectious horsepox virus vaccine from chemically synthesized DNA fragments', *PLOS One*, 13(1): e0188453.

23   그 웹사이트는 다음과 같다. https://longbets.org

24   스티븐 핑커와 나는 《뉴 스테이츠먼》 2021년 6월 16일 자에 공동

저자로 글을 실었다.

25　다음 웹사이트를 참고하라. https://thebulletin.org/2021/05/the-origin-of-covid-did-people-or-nature-open-pandoras-box-at-wuhan. 추가 작업은 논란을 일으켰으며 코로나-19의 기원이 여전히 미스터리로 남아 있다는 의혹이 제기되었다.

26　Carter, S. L. 2021. 'If Covid did escape from a Wuhan lab, brace yourself: the world's anger will be terrible to behold', Bloomberg website, 4 June, https://www.bloomberg.com/opinion/articles/2021-06-04/if-covid-did-escape-from-awuhan-lab-brace-yourself

27　예컨대 다음 책을 참고하라. Hoffman, B. J., M. K. Shoss and L. A. Wegman (eds). 2020. *The Cambridge Handbook on the Changing Nature of Work*. Cambridge: Cambridge University Press; Susskind, D. 2020. *A World Without Work*. London: Penguin; Lee, K.-F. 2018. *AI Superpowers: China, Silicon Valley and the New World Order*. New York: Houghton Mifflin; Frey, C. B. 2020. *The Technology Trap: Capital, Labour and Power in the Age of Automation*. Princeton: Princeton University Press.

28　이 주장은 2011년 이스라엘 법원의 자료를 기반으로 한 것인데, 피고인에게 법적 대리인이 없어 신속하게 해결될 만한 사건의 일정을 주로 휴정 전에 잡는 관습 탓일 수도 있기 때문에 의문이 제기되었다. 하지만 사법부의 편견이 존재했을 여러 증거가 있다는 사실도 결코 부정할 수 없다.

29　Bostrom, N. 2014. *Superintelligence: Paths, Dangers, Strategies*. Oxford: Oxford University Press.

30　Tegmark, M. 2017. *Life 3.0*. New York: Knopf/Allen Lane.

31　데릭 파핏의 주장은 그의 저서 *Reasons and Persons* (New York: Oxford University Press, 1984) 4부에서 제시된다.

32　Diamond, J. 2005. *Collapse: How Societies Choose to Fail or Succeed*. New York: Penguin.

2장 과학자는 누구인가
-고독한 사상가에서 팀 플레이어까지

1 이 용어는 토머스 쿤(T. S. Kuhn)의 저작인《과학혁명의 구조》에서
도입되고 정의되었다. 과학자들에게 영향을 미친 또 다른 고전이
있다면 1934년 독일어로 출판되었다가 영어로 번역된 칼 포퍼(Karl
Popper)의《과학적 발견의 논리》다(번역본이 나오기 전까지 포퍼는 정치학
분야에 깊은 영향을 끼친《열린 사회와 그 적들》로 명성이 더 높았다). 또 팀
르윈스(Tim Lewens)가 저술한 *The Meaning of Science* (New York: Basic
Books, 2016)도 쉽게 읽히는 편이며, 포퍼와 쿤의 관점에 대한 명확한
비판이 실려 있다.

2 여기에 대한 상당한 비판 어조가 실린 다음 글을 참조하라.
Schneider, L. 2017. 'Human Brain Project: bureaucratic success
despite scientific failure', For Better Science website, 22 February,
https://forbetterscience.com/2017/02/22/human-brain-project-
bureaucratic-success-despite-scientific-failure

3 Darwin, C. 1860. *On the Origin of Species by Means of Natural
Selection, or the Preservation of Favoured Races in the Struggle for
Life*. London: John Murray.

4 *A Short History of Nearly Everything* (London: Doubleday, 2003); *The
Body: a Guide for Occupants* (London: Doubleday, 2019).

5 University of Michigan. 2021. 'Evolution now accepted by
majority of Americans', ScienceDaily website, 20 August, https://
www.sciencedaily.com/releases/2021/08/210820111042.htm

6 Howes, A. (2021) 'Upstream innovation: Raising the status of
innovation and innovators', *The Way of the Future* (전 영국 총리
토니 블레어가 설립한 싱크탱크인 토니블레어연구소와 기업가네트워크
Entrepreneurs Network에서 발행한 보고서다).

7 상업적 규모의 핵융합(본문 1장 2절 참조)의 실현 가능성을 탐색하기
위한 국제 핵융합 실험로(ITER) 장치는 대형 강입자 충돌기(LHC)나

제임스 웹 우주망원경(JWST)에 비해 예상 비용이 두 배 이상이다.

8 다음 책에는 이러한 발견과 그 맥락에 대한 훌륭한 설명이 실려 있다. Schilling, G. 2017. *Ripples in Spacetime*. Cambridge: Belknap Press of Harvard University Press.

9 Weinberg, S. 1994. *Dreams of a Final Theory*. New York: Vintage Books.

3장 실험실에서 나온 과학
-연구소·기관·단체 등 과학 공동체의 세계

1 이 질병은 바이러스에 의해 선파되는 것이 아니라 프리온에 의해 퍼지므로 '프리온병'이라고 불린다. '전염성 해면상 뇌병증'(TSE) 이라고도 알려진 이 병은 동물과 인간에게 영향을 미치는 희귀하고 치명적인 뇌 질환의 한 종류다. 숙주의 정상 단백질이 잘못 접힌 단백질('프리온 단백질')에서 비롯한 '프리온'이라는 전염원에 의해 발생하는 병이다.

2 Nature Editorial. 2022. 'Eric Lander's resignation for bullying raises questions for the White House', *Nature*, 602: 361-2.

3 다음 책은 조지프 로트블랫에 대한 훌륭한 전기다. Brown, A. 2012. *Keeper of the Nuclear Conscience: The Life and Work of Joseph Rotblat*. Oxford: Oxford University Press.

4 이 외에도 미국에는 독립적인 과학자들이 국방 문제에 관여하도록 이끄는 또 다른 단체가 있다. 미국 국립 과학아카데미 산하의 '국제 안보 및 무기 통제에 관한 상임위원회'(CISAC)로, 주로 핵무기 통제와 비확산에 중점을 두고 있다. 이 위원회는 1980년에 미국 국립 아카데미의 최고 인재들을 끌어모으기 위해 결성되었다. 그리고 이후로 비슷한 형태의 다른 나라 단체들과 오랫동안 양자회담을 해왔다. 러시아와는 1981년 이후로, 중국과는 1988년 이후로, 인도와는 1999년 이후로 회담이 이루어졌다.

5   딕 가윈의 주목할 만한 경력(그가 출생한 연도는 1928년이다)에 대해서는
    다음 책을 참고하라. Shurkin, J. N. 2017. *True Genius: The Life and
    Work of the Most Influential Scientist You've Never Heard Of*. Buffalo,
    NY: Prometheus.

6   생존위험연구센터(CSER) 웹사이트 https://www.cser.ac.uk

7   옥스퍼드 마틴스쿨 웹사이트 https://www.oxfordmartin.ox.ac.uk

8   교황 회칙의 내용은 다음을 참조하라. Pope Francis. 2015. *Laudato
    Si': On Care for Our Common Home*. Vatican City: Libreria Editrice
    Vaticana, https://www.vatican.va/content/francesco/en/encyclicals/
    documents/papa-francesco_201505 24_enciclica-laudato-si.html

9   장클로드 융커의 발언은《이코노미스트》2007년 3월 15일 자에
    인용되었다.

10 이 문제들에 대한 설명은 다음 웹사이트를 참고하라. https://
    lordslibrary.parliament.uk/government-investmentprogrammes-the-
    green-book

11 이 수치들이 실린 국제통화기금(IMF)의 문헌은 다음 웹사이트에서
    찾을 수 있다. https://www.imf.org/en/Publications/SPROLLs/
    covid19-specialnotes

12 이와는 대조적으로, 40년이 지난 지금도 효과적인 HIV 백신은 아직
    개발되지 못했다.

13 왕립학회에 대한 정보는 https://royalsociety.org에서 확인할 수 있다.

14 잘못된 음향 시스템이 무대 위 사람들에게 연설의 음성을 왜곡시키고
    잘 들리지 않게 만들었다는 것을 제외하고는, 기념행사는 모든 것이
    순조롭게 진행되었다. 그래서 왕실 사람들은 평상시에 비해 지루한
    행사 내용에 대해 훨씬 더 많은 변명을 늘어놓았다.

15 다음 웹사이트를 참조하라. http://www.nasonline.org

16 다음 웹사이트를 참조하라. https://council.science/

17 다음 웹사이트에는 교황청 과학아카데미 회원의 정보를 포함해
    총회와 회의, 성명에 대한 보고서가 전부 실려 있다. https://www.pas.va

18 결과 보고서는 다음을 참조하라. Select Committee on Risk

Assessment and Risk Planning. 2021. *Preparing for Extreme Risks: Building a Resilient Society*. London: House of Lords, https://committees.parliament.uk/publications/8082/documents/83124/default/

4장 과학에서 최고의 것을 얻기
─교육에 대하여

1   영문 위키피디아의 '그래핀' 항목에는 그래핀이 발견된 배경, 특성, 잠재적 응용에 대해 잘 요약되어 있다. https://en.wikipedia.org/wiki/Graphene

2   앞으로 영국이 유럽우주국과의 관계가 어떻게 될지는 유럽남방천문대나 유럽입자물리연구소에 비해 조금 더 사정이 복잡하다. 영국은 유럽우주국에서 우주과학에 대한 의무적인 기여를 이어가고 있지만, 유럽우주국은 유럽연합의 '코페르니쿠스 지구관측 프로그램'과 '갈릴레오 시스템'(유럽에서 GPS에 대항해 계획한)으로부터 직접적인 자금을 받고 있기 때문이다.

3   OECD는 여러 국가를 대상으로 15세 청소년의 국제학업성취도평가(PISA)를 수행하고 감독한다. https://www.oecd.org/pisa

4   다음 웹페이지를 참조하라. https://twas.org

5   지난 20년간 지급된 미국 국립보건원 보조금 통계 데이터는 다음을 참조하라. Lauer, M. 2021. 'Long-Term Trends in the Age of Principal Investigators Supported for the First Time on NIH R01-Equivalent Awards', National Institutes of Health website, 18 November, https://nexus.od.nih.gov/all/2021/11/18/long-term-trends-in-the-age-of-principal-investigators-supported-for-the-first-time-on-nih-r01-awards

6   이 고전적인 문서는 다음 웹사이트에 다시 실렸다. http://www.educationengland.org.uk/documents/robbins/robbins1963.html

7   위키피디아의 '벨연구소' 항목에는 이곳이 걸어온 거의 100년에 걸친 역사가 간추려져 실려 있다. https://en.wikipedia.org/wiki/Bell_Labs

8   Kirk, K. and C. Cotton. 2016. *The Cambridge Phenomenon: 50 Years of Innovation and Enterprise*. London: Third Millennium.

9   https://www.statista.com/statistics/1096928/number-of-global-unicorns-by-country

10   다음 웹페이지에 이 상에 대한 자세한 설명이 실려 있다. https://longitudeprize.org

11   https://www.zooniverse.org/projects/zookeeper/galaxy-zoo

12   팀 가워스의 '웹로그'에는 수학 분야에 대한 훌륭한 자료가 실려 있다. https://gowers.wordpress.com

13   https://scottaaronson.blog

14   이 아카이브는 https://arxiv.org이다. 또 논문 내용을 미리 예고하는 전통이 발전하는 데 더 오랜 시간이 걸렸던 생물학 분야의 주제를 다루기 위해 별도의 새로운 웹사이트가 만들어지기도 했다.

15   내가 소속된 유서 깊은 교육기관인 케임브리지대학 트리니티칼리지는 전통적으로 무언가를 '처음 시도하기'를 꺼리는 편이다. 나는 동료들을 설득하기 위해, 이러한 개혁이야말로 우리의 빛나는 전통을 되살리는 일이라는 점을 상기시켰다. 19세기에 우리 대학의 가장 훌륭한 동문인 천문학자 아서 에딩턴과 전자의 발견자 조지프 존 톰슨은 모두 맨체스터의 오언스칼리지에서 우리 대학으로 소속을 바꿨고, 2년 뒤 수학 전공으로 최우등 졸업했다.

16   나는 연구원·교수·연구소장으로서 내 직업 경력의 대부분을 케임브리지대학에서 보냈고, 그걸 행운이라고 느꼈다. 그래서 트리니티칼리지(케임브리지대학에서 가장 큰 칼리지)의 학장이 되고 싶은지에 대한 질문에 '아니오'라고 단칼에 거절하지는 않았다. 이곳의 초기 학장들 몇몇은 트리니티칼리지를 운영하는 일이 까다롭고 논쟁적이라고 여겼다. 나는 내가 '불행하고 분열된 트리니티칼리지'를 만든 학장 리스트에 오르지는 않을까 염려되었지만, 은퇴하는 전 학장 아마르티아 센과 그 전임자인 마이클 아티야와는 가깝게 지냈다.

그들은 내가 감히 바랄 수도 없을 만큼 학문 분야에서 비범한 공로를 남겼는데, 꽉 막히지 않은 진보적인 관점을 지녔고 주변 사람들을 격려했다. 그래서 나는 2004년 비상임직으로 칼리지 학장이 되어 2012년까지 자리를 지켰다. 다행히 내가 재임한 기간에는 전반적으로 큰 논쟁이 생기지 않았고, 실제로 우리 대학에 대한 내 충성심은 더 깊어졌다.

17 관련 데이터는 다음 보고서에 실려 있다. Chester, J. and B. Bekhradnia. 2009. *How different are Oxford and Cambridge?* Oxford: Higher Education Policy Institute, https://www.hepi.ac.uk/wp-content/uploads/2014/02/44-Oxford-and-Cambridge-summary.pdf. 그리고 2020년 영국의 모든 대학에 재학 중인 다양한 범주 학생들의 만족도에 대한 좀 더 완전한 데이터는 다음의 보고서를 참조하라(2021년에는 팬데믹으로 인해 만족도가 급감했기에 2020년의 데이터가 더 정확할 것이다). Neves, J. and R. Hewitt. 2020. *The Student Academic Experience Survey 2020*. Oxford: Higher Education Policy Institute, https://www.hepi.ac.uk/wp-content/uploads/2020/06/The-Student-Academic-Experience-Survey-2020.pdf